ゼロからはじめる

Chatwork（チャットワーク） 基本&便利技

リンクアップ 著

技術評論社

CONTENTS

第 1 章 Chatwork のキホン

第 2 章 Chatwork に参加する

第 3 章 コミュニケーションをする

第4章 タスクを利用する

第5章 ビデオ通話や音声通話をする

CONTENTS

第８章 スマートフォンやタブレットで利用する

第９章 疑問・困った解決 Q&A

ご注意：ご購入・ご利用の前に必ずお読みください

●本書に記載した内容は、情報の提供のみを目的としています。したがって、本書を用いた運用は、必ずお客様自身の責任と判断によって行ってください。これらの情報の運用の結果について、技術評論社および著者、アプリの開発者はいかなる責任も負いません。

●ソフトウェアに関する記述は、特に断りのない限り、2020年8月現在での最新バージョンをもとにしています。ソフトウェアはバージョンアップされる場合があり、本書での説明とは機能内容や画面図などが異なってしまうこともあり得ます。あらかじめご了承ください。

●本書は以下の環境で動作を確認しています。ご利用時には、一部内容が異なることがあります。あらかじめご了承ください。
端末：iPhone 11（iOS 13.4）、Xperia 8 SOV42SLA（Android 9）
パソコンのOS：Windows 10

●インターネットの情報については、URLや画面などが変更されている可能性があります。ご注意ください。

以上の注意事項をご承諾いただいたうえで、本書をご利用願います。これらの注意事項をお読みいただかずに、お問い合わせいただいても、技術評論社は対処しかねます。あらかじめ、ご承知おきください。

第1章

Chatworkのキホン

Section 01 Chatworkとは

Chatwork（チャットワーク）とは、メール、電話、会議／訪問など仕事で必要なコミュニケーションをより効率的にするビジネスチャットです。さまざまな便利なサービスがありますが、その多くは無料で利用することができます。

Chatworkとは

Chatworkとは、Chatwork株式会社が提供する、ビジネスコミュニケーションに特化したクラウド型チャットツールです。Chatworkユーザーであれば、すぐにメッセージのやり取りをすることができます。ほかにも、タスク管理やファイルの共有、ビデオ通話などの機能が付いています。社内で活用できるのはもちろんのこと、社外メンバーが関わる仕事でも情報共有することが可能です。また、Chatworkと普段利用しているサービスを連携させて、各サービスの通知情報をチャットに集約し、業務効率を高めることもできます。なお、サーバーとの通信はすべて暗号化されており、送信したデータは高い信頼性と実績を持つデータセンターに厳重に保管されています。

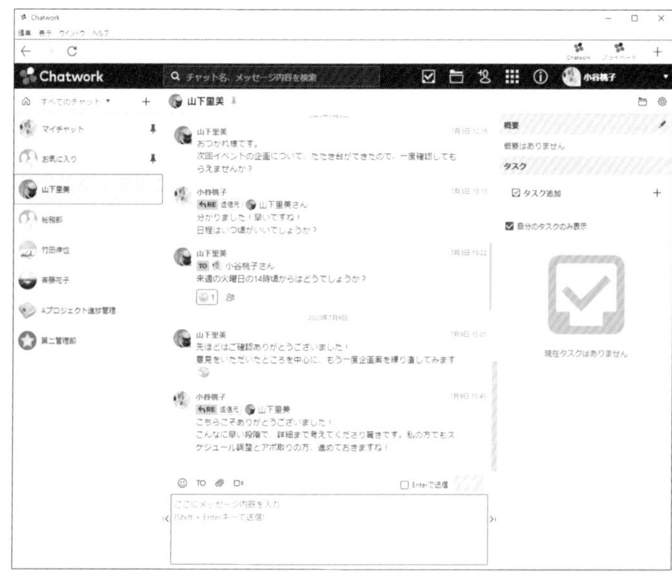

Chatworkでできること

Chatworkでは、ビジネスコミュニケーションを円滑にするために、主に4つの機能を使うことができます。また、パソコンのブラウザやデスクトップだけではなく、スマートフォンやタブレットで利用することも可能です。

●グループチャット

社内外のユーザーと案件や部署単位でグループチャット（第7章参照）を作成し、複数人で会話を進めることができます。

●タスク管理

タスク（やるべきこと。第4章参照）を作成／編集することができます。自分のタスクを把握するときや、相手に仕事を依頼するときに使います。

●ファイル管理

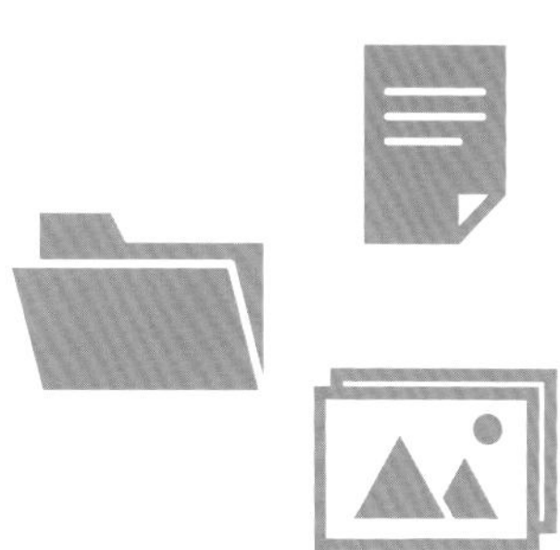

ワード／エクセルなどのオフィスファイルや画像ファイルなどをアップロードすることができます。

●ビデオ／音声通話

音声で通話をしたり、チャット参加メンバーと顔を見ながら会話したりすることができます。

Section 02 Chatworkを採用する理由

Chatworkを採用することで、仕事の質や、作業のスピードアップ、チームの連携を高めることができます。だれでも使いやすいシンプルなつくりから、多くの企業に導入実績があります。

Chatworkの長所

●テンポよいやり取りが可能

Chatworkでは、メッセージでやり取りを行うので、メールのように「送ったけど届いていない」といった現象を起こさずに済みます。要件のみの短い文章でやり取りするので、会話もテンポよく進めることが可能です。また、相手ごとのチャットになっているため、これまでのやり取りを遡れば、どのようなことを話していたのかすぐに把握できます。

●複数人への一斉連絡もかんたん

グループチャット（第7章参照）を作成しておけば、決まったメンバー全員への連絡も一度に送信することができ、便利です。

●添付ファイル5GBまで対応

添付ファイルのデータサイズは、最大5GB（有料プランでは、10GB）まで送付することが可能で、データのやり取りもスムーズです。なお、すべてのデータは暗号化されているため、個人情報などの情報管理も万全です。

●豊富なデバイスで利用可能

さまざまなデバイスで利用することができるため、会社のパソコンや、外出中のスマートフォンなどから、いつでもどこでも対応することが可能です。

ほかのコミュニケーションツールとの違い

さまざまなコミュニケーションツールがある中で、現在ビジネスの場を中心に人気を集めているChatworkですが、ここではほかのコミュニケーションツールと大きく異なるところを紹介していきます。

・純国産ツールとして導入実績ナンバーワンの安定感
・本格的なタスク管理機能
・だれでも使いやすいシンプルなつくり

2011年のリリースからその効果と評判は大きく広がり、2020年5月現在、導入社数は26万社を突破しています。国産のビジネスチャットツールとしては、ナンバーワンの実績です。Chatworkの最大の特長は、本格的なタスク管理機能にあります。自分のタスクはもちろん、ほかのメンバーにタスクを依頼することも可能です。業務を進めるうえで必要なタスクを作成／管理することで、依頼したタスクのやり忘れや漏れがなくなり、仕事の質を高めることができます。また、チャット機能は非常にシンプルで、だれもが使いやすく、円滑なコミュニケーションを図ることに特化しています。

ほかのコミュニケーションツールの名称および概要	
Slack	・2013年にアメリカでリリースされた「IT系に人気」のツール ・Twitterやメール、Googleなど各種アプリや外部ツールとの連携機能が充実 ・デザインをカスタマイズできる
LINE WORKS	・2017年にワークモバイルジャパン株式会社が提供開始 ・LINEのチャットやスタンプなどをはじめ、仕事上で活用できる機能を備えた「ビジネス版LINE」
Yammer	・Microsoft 365のアプリとして含まれている「社内チャットツール」 ・同じメールアドレスドメインを持つユーザーどうしのみ連絡できる
Talknote	・2011年にトークノート株式会社が提供開始 ・独自の人工知能で社員どうしのやり取りを解析できる

Section 03

Chatworkを利用するには

Chatworkはブラウザにアクセスすることで利用できます。そのほかにデスクトップやスマートフォン／タブレットに対応したアプリもあります。デスクトップ版アプリ、モバイル版アプリを利用するには、それぞれアプリのダウンロードが必要です。

さまざまなデバイスで利用できる

Chatworkは大きく分けて、ブラウザ版、デスクトップ版アプリ、スマートフォン／タブレット向けのモバイル版アプリの3種類があります。それぞれ、さらに細かい種類に分かれています。
チャットツールのやり取りをはじめ、ファイルのデータなどには互換性があり、パソコンで送ったメッセージをスマートフォンで見たり、ブラウザで返信したりできます。Chatworkのアカウントでログインすることで、データは自動的に同期されるので、いつでもどこでも閲覧／操作することができます。
なお、いずれのデバイスであってもフリープランであれば、無料で利用できます。

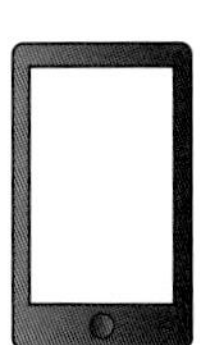

種類	説明
ブラウザ版	Google Chrome（Chromeアプリ）、Firefox、Internet Explorer、Safariに対応している
デスクトップ版アプリ	Windows版、Mac版の2種類がある
モバイル版アプリ	iOS版、Android版の2種類がある

パソコンから利用する

Chatworkのやり取りはすべてインターネット上で行われます。Chatworkにアカウントを新規登録し、ログインするとブラウザ版を利用することができるようになります。
また、公式サイトから、デスクトップ版アプリをダウンロードしてインストールすると、アプリからの利用も可能です。

スマートフォンから利用する

モバイル版アプリをインストールすることで、スマートフォン／タブレットからも閲覧したり、操作したりできるようになります。主な4つの機能に加え、プッシュ通知をグループチャットごとに設定できるので、気になるチャットを優先的に把握することができます。iOS版アプリはApp Storeから、Android版アプリはPlay ストアから無料でダウンロードできます。

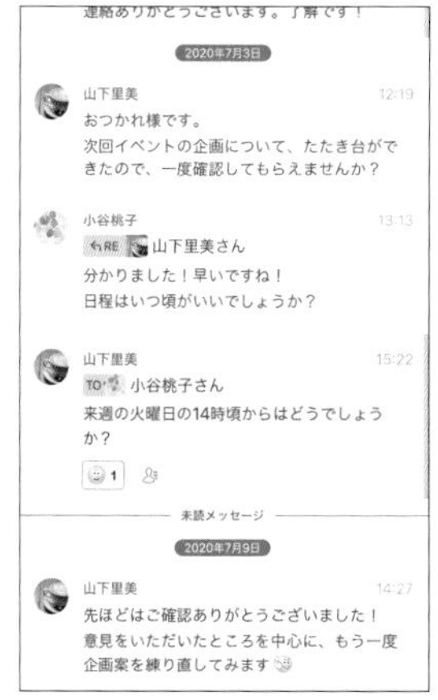

Section 04 Chatworkのプランについて

Chatworkでは個人で活用する場合をはじめ、会社に導入して業務の生産性を目指す場合など、目的に応じて幅広いプランが用意されています。ここで、それぞれのプランの詳細を確認しておきましょう。

プランと支払い方法

Chatworkには、フリー（無料）プランと有料プランがあります。有料プランの中には、3種類のプランが用意されており、規模や用途に応じて柔軟に選ぶことが可能です。フリープラン、パーソナルプランは個人向けなのに対し、ビジネスプランとエンタープライズプランは5ユーザー以上から申し込みが可能で、セキュリティ／管理機能を強化した組織向けの有料プランです。
支払い方法については、パーソナルプラン、ビジネスプランでは「クレジットカード決済」（VISA ／ Mastercard ／ JCB ／ American Express ／ Diners Club）が利用できます。エンタープライズプランでは「銀行振込（Paid決済）」「クレジットカード決済」を選ぶことができます。

Free フリー まずは無料で試したい	Personal パーソナル 個人で導入したい	Business ビジネス 組織で導入したい	Enterprise エンタープライズ 管理機能を強化したい
1ユーザー/月 ¥0	1ユーザー/月 ¥400	1ユーザー/月(年間契約) ¥500 月間契約の場合は¥600/月	1ユーザー/月(年間契約) ¥800 月間契約の場合は¥960/月
新規登録	新規登録	資料ダウンロード 新規登録	資料ダウンロード 新規登録

●フリー

- 1ユーザー／月0円
- コンタクト無制限
- 累計14グループチャット
- 1対1でのビデオ通話／音声通話
- 2段階認証
- 5GBストレージ

●パーソナル

- 1ユーザー／月400円
- コンタクト無制限
- グループチャット無制限
- 最大14人でのビデオ通話／音声通話
- 2段階認証
- 10GBストレージ
- 広告の非表示

●ビジネス

- 1ユーザー／月500円（月間契約の場合は月600円）
- コンタクト無制限
- グループチャット無制限
- 最大14人でのビデオ通話／音声通話
- 2段階認証
- 10GBストレージ／1ユーザー
- 広告の非表示
- ユーザー管理

●エンタープライズ

- 1ユーザー／月800円（月間契約の場合は月960円）
- コンタクト無制限
- グループチャット無制限
- 最大14人でのビデオ通話／音声通話
- 2段階認証
- 10GBストレージ／1ユーザー
- 広告の非表示
- ユーザー管理
- 社外ユーザー制限
- IP／モバイル端末制限
- 専用URL機能
- ファイル送受信制限
- 外部SNS制限
- シングルサインオン
- チャットログ／エクスポート
- SAL（サービス品質保証）

Memo フリープランと有料プランの違い

フリープランと有料プランの主な違いは、「グループチャット無制限」「広告の非表示」「最大14人でのビデオ通話／音声通話」です。また、有料プランはストレージの容量が大きく、多くのファイルをアップロードできます。

Section 05

ブラウザ版とデスクトップ版アプリの違いを知る

Chatworkのブラウザ版とデスクトップ版アプリの画面デザインは基本的に同じです。しかし、それぞれに機能制限があるので、その違いについて紹介します。また、動作環境も異なるので、事前に確認しておきましょう。

ブラウザ版のChatworkを利用する

パソコン、タブレット、スマートフォンからブラウザでChatworkにアクセスすることで、Chatworkを利用することができます。ブラウザを使用しているので、ブラウザの拡張機能を適用することも可能です。

●ブラウザ版で利用できない機能

・Chatwork Live（Sec.33参照）
※Google Chrome、Fire Fox、Safariでは対応

●ブラウザ版の動作環境

ブラウザ版の動作環境としては以下のバージョンが推奨されています。

Windows	Mac
Google Chrome 最新の安定バージョン Mozilla Firefox 最新の安定バージョン Internet Explorer バージョン11以上 Microsoft Edge	Google Chrome 最新の安定バージョン Mozilla Firefox 最新の安定バージョン Safari 10以上

デスクトップ版アプリのChatworkを利用する

デスクトップ版アプリであれば、起動する際にブラウザを立ち上げてアクセスする手間を省き、ワンクリックで起動することができます。ブラウザ版のようにタブを開きすぎることもないので、重たさを感じることがありません。なお、本書ではデスクトップ版アプリ（Windows版）をメインに解説を行っています。

●デスクトップ版アプリで利用できない機能

・フォントの変更
・ブラウザ拡張機能
・Google Docsなどの外部サービスのプレビュー
・認証付きプロキシ環境下での利用（2020年8月現在）

●デスクトップ版アプリの動作環境

デスクトップ版アプリの動作環境としては以下のバージョンが推奨されています。

Windows	Mac
Windows 7以上	OS X 10.10 (Yosemite) 以上

Section 06

Chatworkで使えるショートカットキー

Chatworkで使える便利なショートカットキーをご紹介します。マウス操作以外で、より効率的かつスムーズに利用するために活用してみましょう。なお、カスタマイズはできません。

ショートカットキー一覧

キー	操作内容
↑キーまたは、Kキー	1つ上のチャットを選択
↓キーまたは、J（ジェイ）キー	1つ下のチャットを選択
Enterキー	現在選択されているチャットを開く
Ctrlキー+←キー （Macでは、commandキー+←キー）	左カラムを閉じる、または開く
Ctrlキー+→キー （Macでは、commandキー+→キー）	右カラムを閉じる、または開く
Gキー	グループチャット（第7章参照）を作成
Escキー	メッセージ入力欄に入っているカーソルをキャンセル
Mキー	メッセージ入力欄にカーソル移動
Tabキー	送信ボタンにフォーカス
Tキー	タスク（第4章参照）入力欄にカーソル移動
Cキー	コンタクト（Sec.12参照）を追加
Fキー	チャット名検索にカーソル移動

第2章

Chatworkに参加する

Section 07

デスクトップ版アプリをインストールして起動する

デスクトップ版アプリは、Chatwork公式サイトから無料でダウンロードできます。アプリのインストール終了後、自動でログイン画面が表示されます。ここでは、Windows版のインストールの仕方を説明します。

アプリをダウンロードする

1 ブラウザを起動し、アドレスバーに「https://go.chatwork.com/ja/」と入力して Enter キーを押します。

2 Chatworkの公式サイトが表示されます。＜関連情報＞にマウスカーソルを合わせ、＜アプリダウンロード＞をクリックします。

3 「デスクトップ版アプリ」の ＜Windows 32bit ダウンロード＞または＜Windows 64bit ダウンロード＞をクリックすると、ダウンロードされます。

アプリをインストールする

1 画面左下に表示される ⌄ →<開く>の順にクリックします。

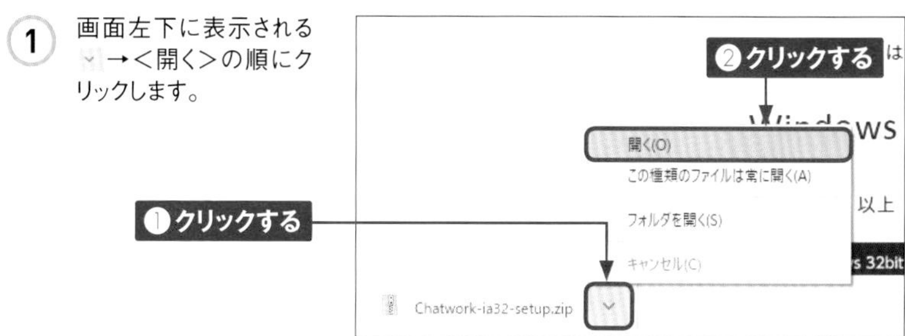

2 圧縮ファイルを解凍し、実行ファイルをダブルクリックします。インストールが開始されます。完了まで少し待ちます。

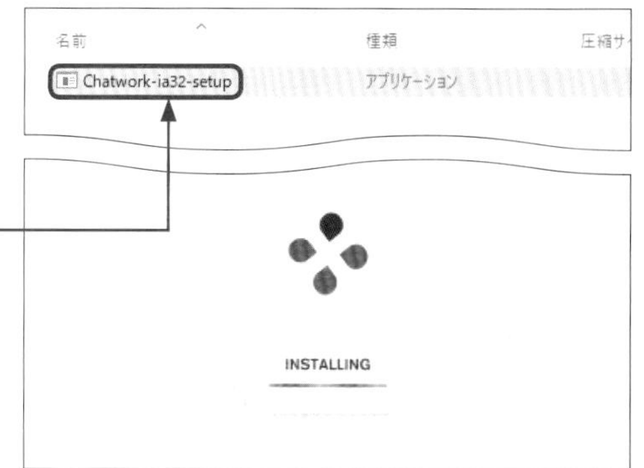

3 インストールが完了すると、自動でアプリのログイン画面が表示されます。

Memo Mac版のデスクトップ版アプリについて

Mac版のデスクトップ版アプリをインストールする場合は、P.20手順③の画面で<Mac　ダウンロード>をクリックします。ダウンロードが開始され、インストールが完了します。

Section 08

アカウントを作成する

Chatworkを利用するには、事前にアカウントを作成する必要があります。Chatworkのアカウントはメールアドレスを登録して、だれでも無料で作成できます。ここでは、デスクトップ版アプリのログイン画面から作成する方法を解説します。

アカウントを新規登録する

1 P.21手順③のアプリのログイン画面で、<新規登録(無料)>をクリックします。

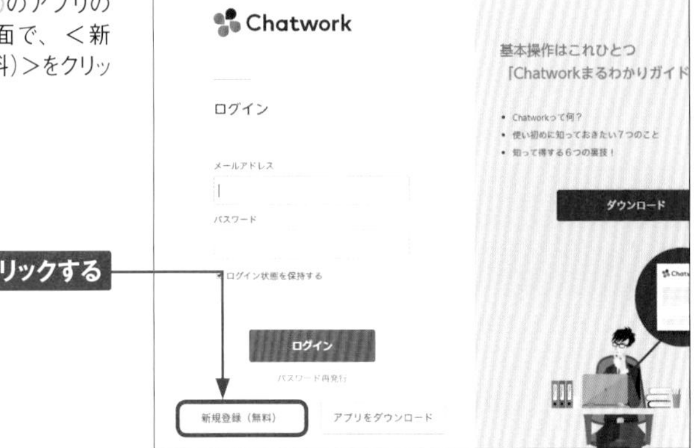

2 メールアドレスを入力し、<次へ進む>をクリックします。

3 Chatworkから届いたメールを開きます。

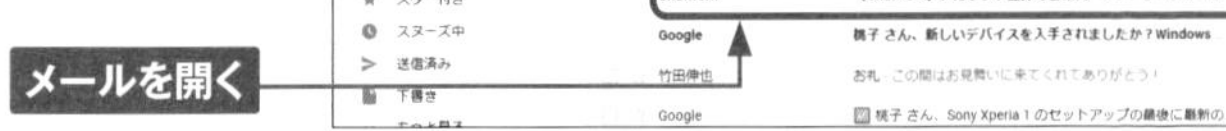

4 <アカウント登録>をクリックします。

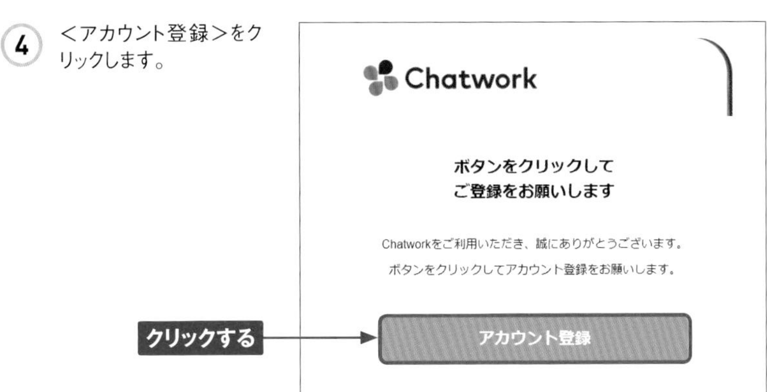

5 名前とパスワードを入力し、<同意して始める>をクリックします。

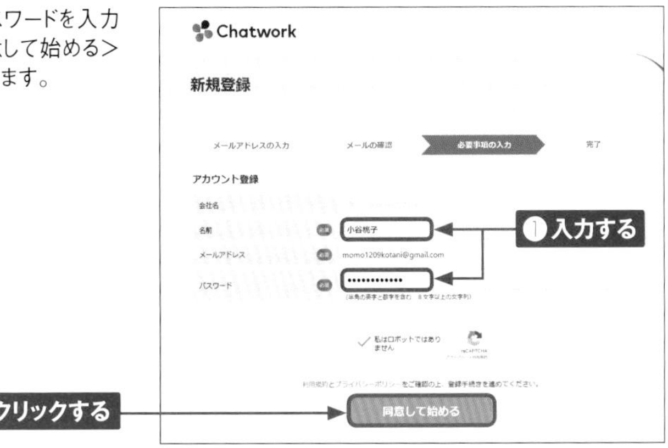

6 アカウントの登録が完了します。

Section 09

プロフィールを設定する

Chatworkのプロフィール情報は、「写真」「カバー写真」「名前」「自己紹介」などの項目で構成されています。必要に応じて、プロフィールを設定しましょう。また、プロフィールを公開する範囲を項目ごとに選ぶこともできます。

プロフィールを登録する

1 画面右上の をクリックし、＜プロフィール＞をクリックします。

2 ＜プロフィールを編集＞をクリックします。

Memo 写真とカバー写真のサイズ

Chatworkでは、プロフィールページに表示される写真（アイコン画像）を自分の好きな画像に設定することができます。画像は「JPEG」「GIF」「PNG」に対応（容量は最大5MBまで）しています。また、カバー写真（プロフィールページの背景に表示される画像）にも自分の好きな画像を設定することができ、サイズは800×250ピクセル（容量は最大5MBまで）が推奨されています。

3 「自己紹介」「所在地」などを入力し、<保存する>をクリックします。なお、◎▾をクリックすると、プロフィールを公開する範囲を選べます。

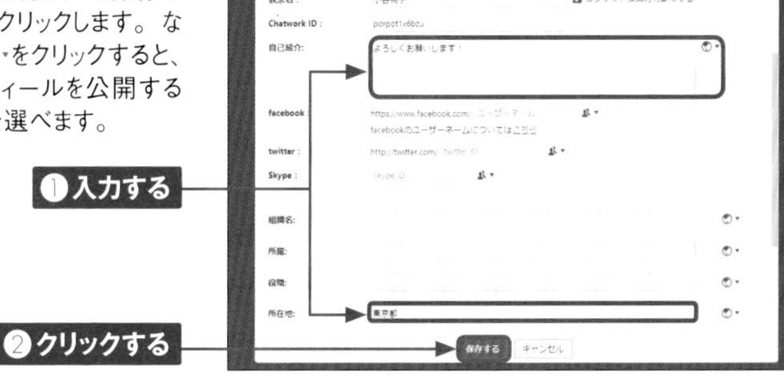

4 入力した情報が、プロフィールに反映されます。

プロフィール写真を設定する

1 P.24を参考に、プロフィール編集画面を表示し、<写真を変更する>→<ファイルを選択>の順にクリックします。

2 プロフィール写真に設定したい画像をクリックし、<開く>をクリックします。

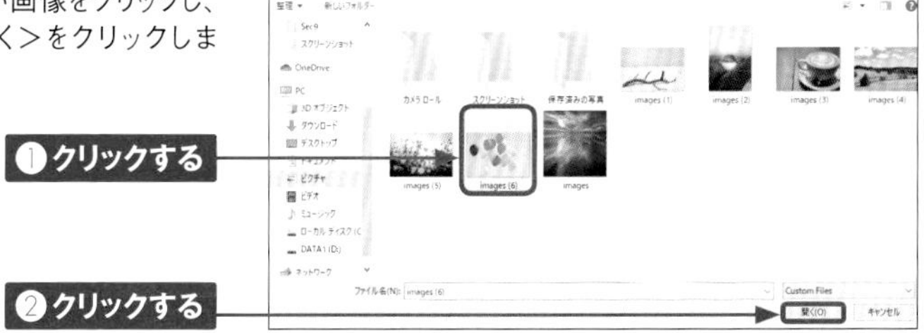

3 <保存する>をクリックします。

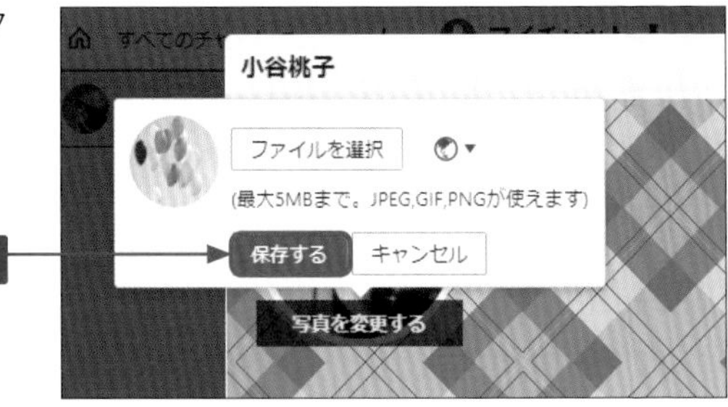

4 <保存する>をクリックすると、プロフィールに反映されます。

カバー写真を設定する

1 P.24を参考に、プロフィール編集画面を表示し、<カバー写真の変更>→<ファイルを選択>の順にクリックします。

2 カバー写真に設定したい画像をクリックし、<開く>をクリックします。<保存する>をクリックすると、プロフィールに反映されます。

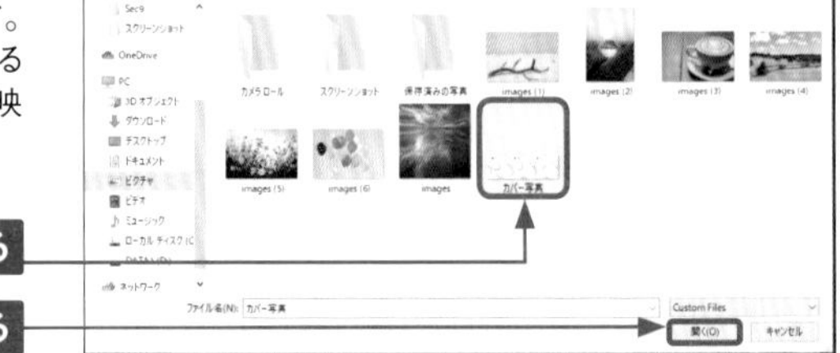

Section 10

基本画面を確認する

デスクトップ版アプリの画面構成を確認しましょう。Chatworkは、「チャット一覧」「メッセージ」「チャット詳細」「タスク」にすばやくアクセスできるような画面構成のため、各操作が効率よく行えます。

Chatworkの基本画面

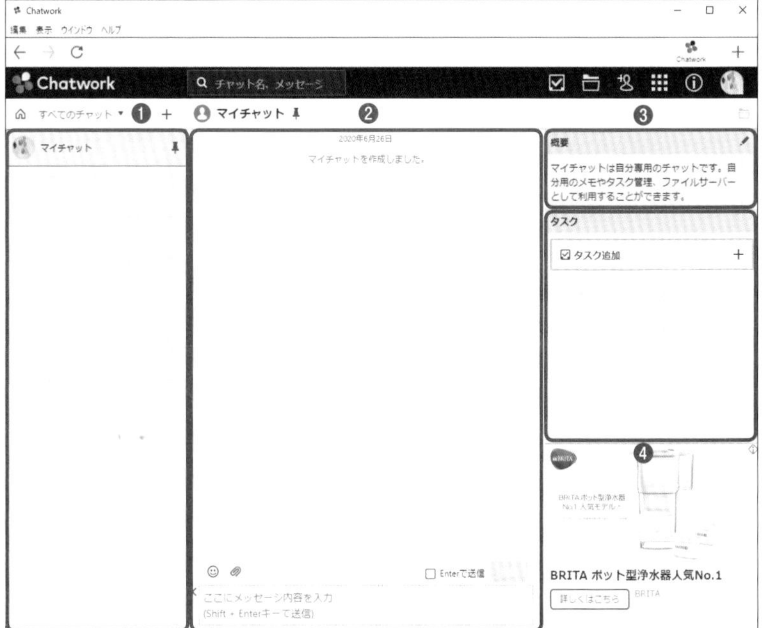

❶	マイチャット（P.29参照）を含む、現在参加しているチャットの一覧が表示されます。
❷	メッセージの内容や、メッセージを入力するエリアです。メッセージは上から下へ、時系列に表示されます。
❸	チャットの概要や、現在グループチャットに参加しているメンバーが表示されます。
❹	タスク（第4章参照）の管理画面です。タスクを追加したり、編集したりできます。

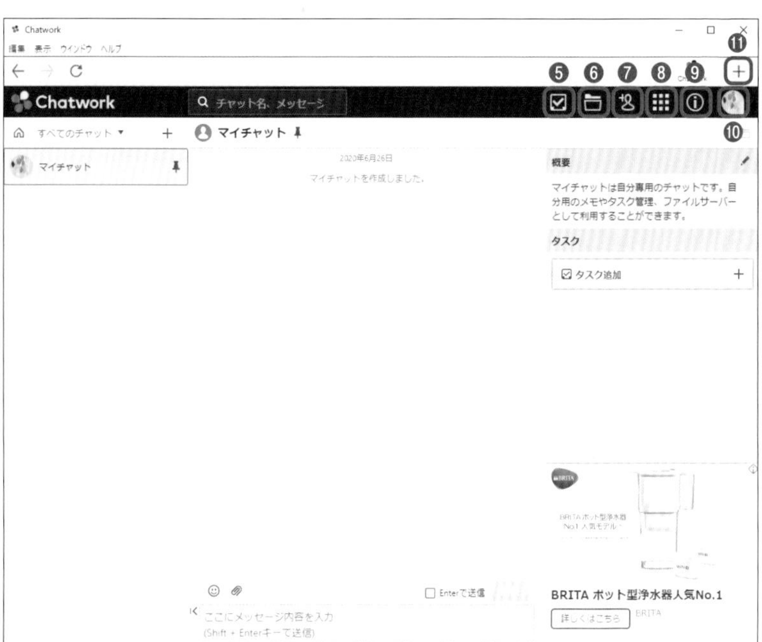

❺	タスク管理ができます。
❻	ファイル管理ができます。
❼	コンタクト（Sec.12参照）管理ができます。
❽	関連サービスを表示します。
❾	サービス連携ガイドやショートカット一覧を確認できます。
❿	プロフィールやアカウントの設定ができます。
⓫	アプリを追加することができます。

Memo エリアの幅を広げる

P.27の❷のエリアの幅を広げるには、メッセージ入力欄の左にある⇤をクリックします。チャット一覧のエリアを非表示にすることができます。もとに戻すときは、⇥をクリックします。

Section 11 マイチャットでチャットメッセージの練習をする

Chatworkには、マイチャットという機能が付いています。自分用のチャットなので、メモやタスク管理として利用することができます。また、自分しか閲覧できないので、メッセージの投稿を練習するときなどに便利です。

マイチャットとは

マイチャットとは、自分だけのチャットのことです。メッセージの投稿の練習や、メモ、自分だけのタスク作成などに使うことができます。
たとえば、サイト名とURLをキーワードといっしょにメモしたり、画像置き場として活用したりする方法があります。また、iOS端末で撮った写真やスクリーンショットをすぐにパソコンで使いたいときにマイチャットを使うと便利です。
あとから編集と削除ができるので、すきま時間を活かしてアイデアなどをストックしたり、まとめたりすることができます。なお、マイチャットは自分以外の誰にも見られることはありません。

メモを書いたり、気になるニュース記事のURLをストックしたりできます。また、タスクを追加しておくと大事なスケジュールがひと目でわかります。

マイチャットにメッセージを投稿する

1 画面下部の<ここにメッセージ内容を入力>をクリックします。

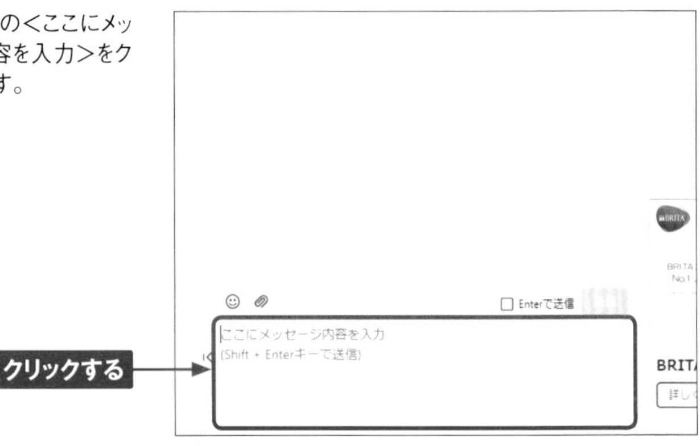

2 メッセージを入力し、<送信>をクリックします。

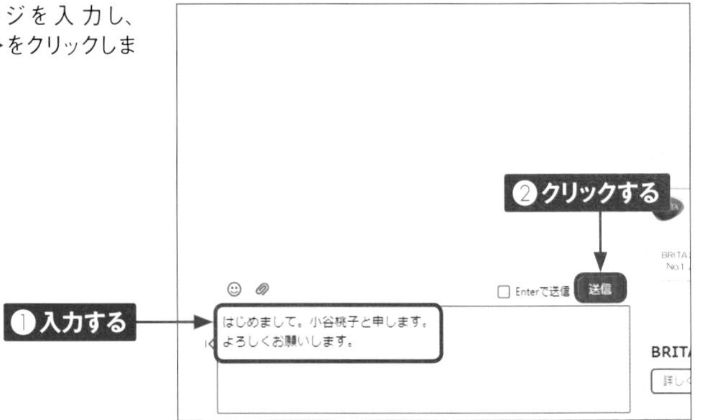

3 メッセージが投稿されます。

Section 12 コンタクトとは

Chatworkでは、Chatworkに登録しているほかのユーザーを「コンタクトに追加する」ことで、チャットを行ったり、グループチャットに招待したりできます。「名前」「メールアドレス」「Chatwork ID」のいずれかでコンタクトに追加できます。

コンタクトとは

コンタクトとは、Chatwork専用の用語で、個人チャットが可能だと相互に承認／登録している相手のことです。お互いコンタクトを登録することにより、メッセージを送り合ったり、相手をグループチャットへ招待したりすることができます。コンタクトに追加されていない相手とはメッセージを送り合うことができません。ほかのChatworkユーザーとチャットをするときは、相手のコンタクトを自分のChatworkに登録する必要があります。コンタクトを登録することを、「コンタクトに追加する」といいます。コンタクトに追加するときは、相手がChatworkに登録している「名前」「メールアドレス」もしくは「Chatwork ID」が必要です。自分の「Chatwork ID」は「プロフィール」から確認できます。

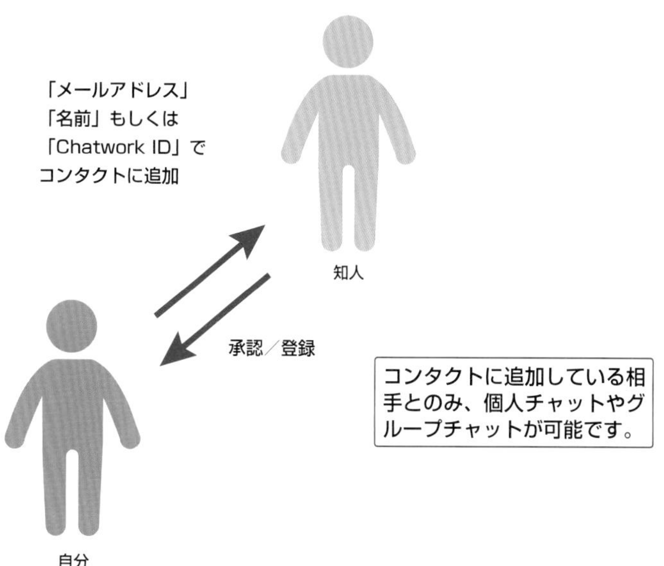

Section 13 コンタクトを追加する

Chatworkでは、相手をコンタクトに追加するときにChatworkに登録してある「名前」や「メールアドレス」といった情報が必要になります。Chatworkでやりとりしたい相手とあらかじめ交換しておくと、スムーズです。

メールで招待する

1 をクリックします。

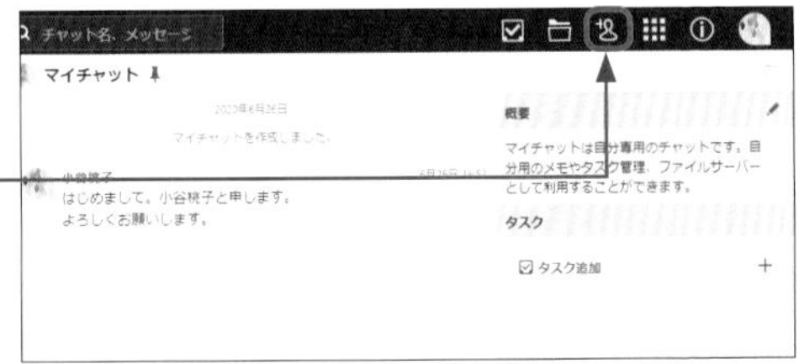

2 「コンタクト管理」画面が表示されます。コンタクトに追加したい相手のChatworkに登録してある「メールアドレス」と「メッセージ（任意）」を入力し、＜招待メールを送信＞をクリックします。

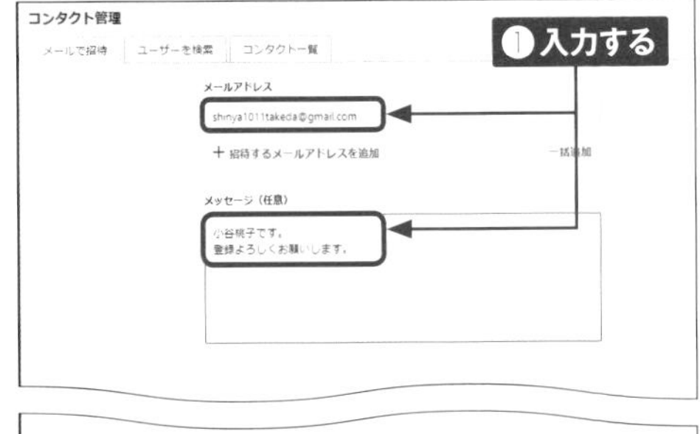

3 招待メールが送信されます。

コンタクトを承認／拒否する

1 をクリックします。

2 ＜未承認＞をクリックします。

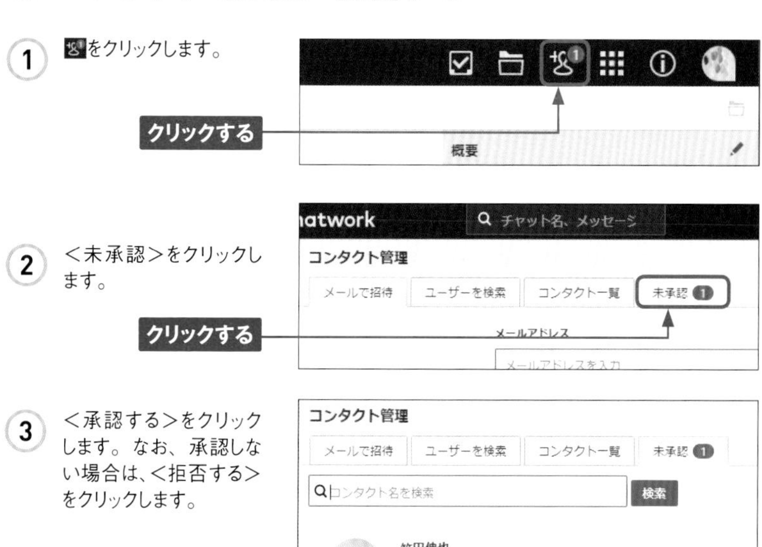

3 ＜承認する＞をクリックします。なお、承認しない場合は、＜拒否する＞をクリックします。

コンタクト管理
メールで招待　ユーザーを検索　コンタクト一覧　未承認 1
コンタクト名を検索　検索
竹田伸也
Chatwork ID：292h21pipo5cs
竹田伸也です。
登録よろしくお願いします。
クリックする
承認する　拒否する

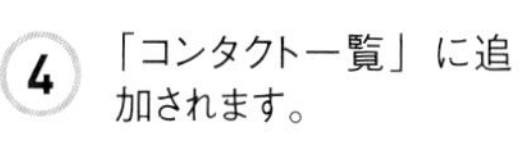

4 「コンタクト一覧」に追加されます。

Memo コンタクトの削除

コンタクトを削除するには、削除したいユーザーのチャットをクリックしてチャット画面を表示します。画面右上にある ⚙ →＜コンタクトから削除＞の順にクリックすると、削除することができます。

登録されているユーザーを検索する

1 P.32手順①を参考に、「コンタクト管理」画面を表示します。<ユーザーを検索>をクリックします。

コンタクト管理

メールで招待　ユーザーを検索　コンタクト一覧(1)

メールアドレス

メールアドレスを入力

＋ 招待するメールアドレスを追加

メッセージ（任意）

メッセージを入力

クリックする

2 検索ボックスに「名前」「Chatwork ID」「メールアドレス」のいずれかを入力し、<検索>をクリックします。

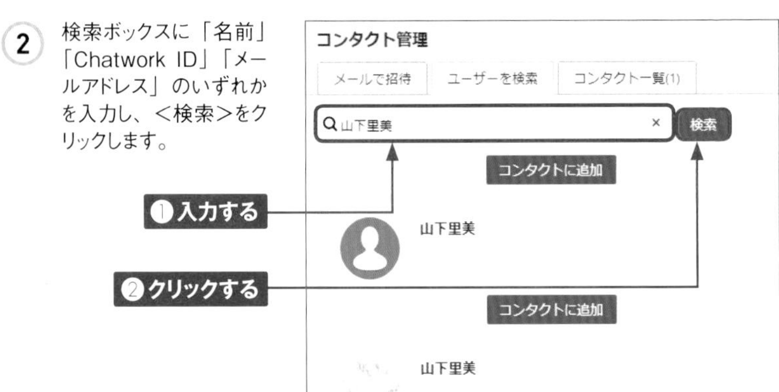

3 検索結果が表示されます。

第3章

コミュニケーションをする

Section 14

メッセージを読む

Chatworkでやり取りを始めると、相手からメッセージが届きます。新着メッセージは、チャット一覧から確認できます。メッセージの本文をコピーしたり、未読にしたりすることも可能です。

届いたメッセージを読む

1 メッセージが届くと、チャット一覧に数字が表示されます。この数字はメッセージの件数を示しています。数字が表示されているチャットをクリックします。

2 未読メッセージが表示されます。

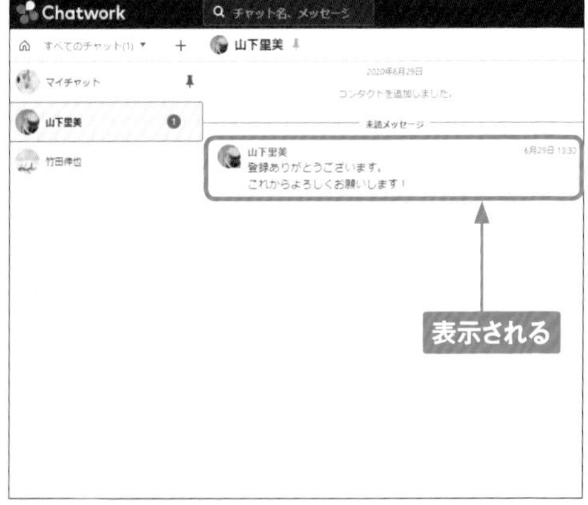

メッセージをコピーする

1 コピーしたいメッセージにマウスカーソルを合わせ、…をクリックします。

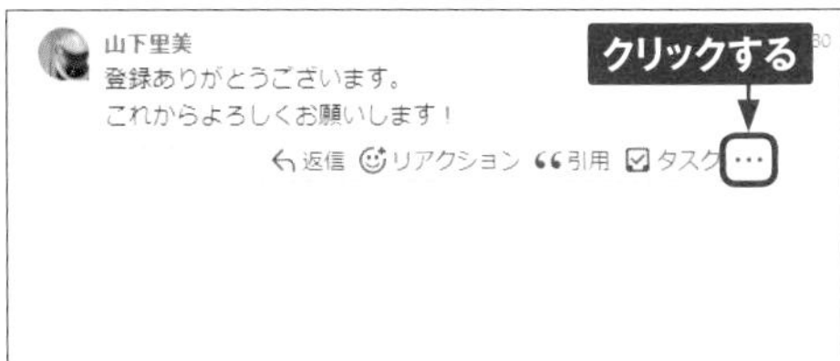

2 <コピー>をクリックします。

3 <クリップボードへコピー>をクリックするとコピーが完了します。必要な場所で貼り付けて使用します。

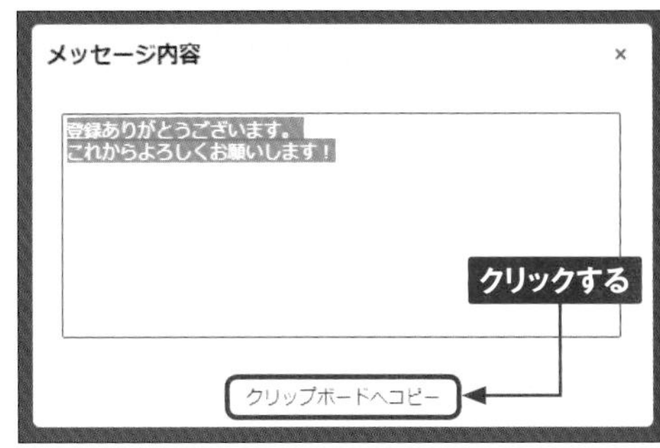

メッセージを未読にする

1 未読にしたいメッセージにマウスカーソルを合わせ、…→<未読>の順にクリックするとメッセージが未読になります。

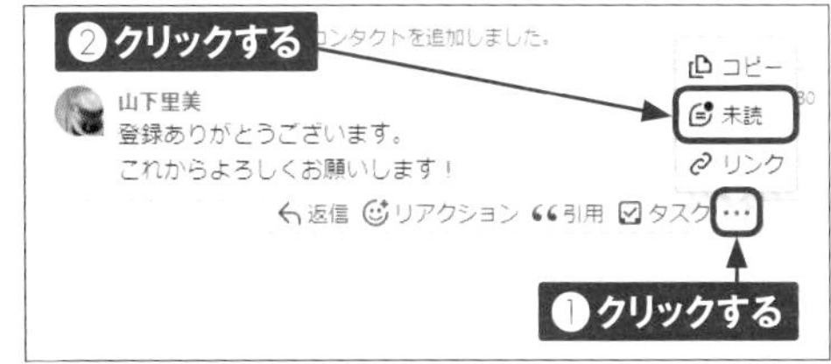

第3章 コミュニケーションをする

Section 15 メッセージを送信する

Chatworkでは、コンタクトに追加した相手にメッセージを送ることができます。テキストだけではなく絵文字を送ることも可能です。リアルタイムでメッセージを送受信できるので、スムーズなやりとりができます。

メッセージを入力して送信する

1 チャット一覧から、メッセージを送りたい相手をクリックします。

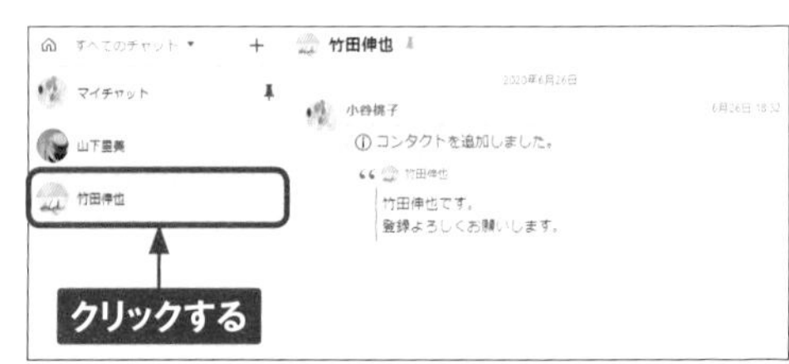

2 画面下部の<ここにメッセージ内容を入力>をクリックします。

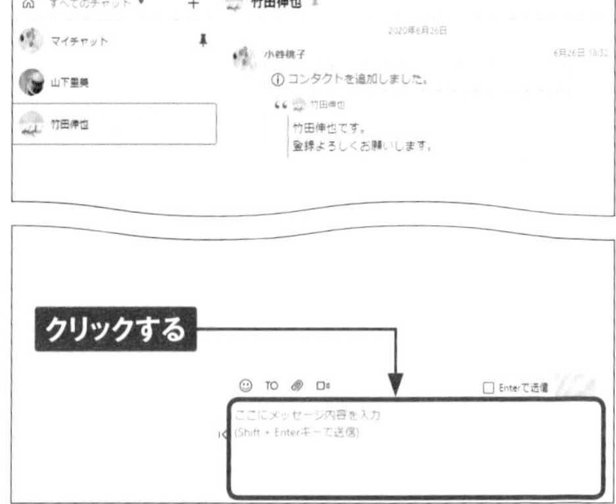

3 メッセージを入力します。

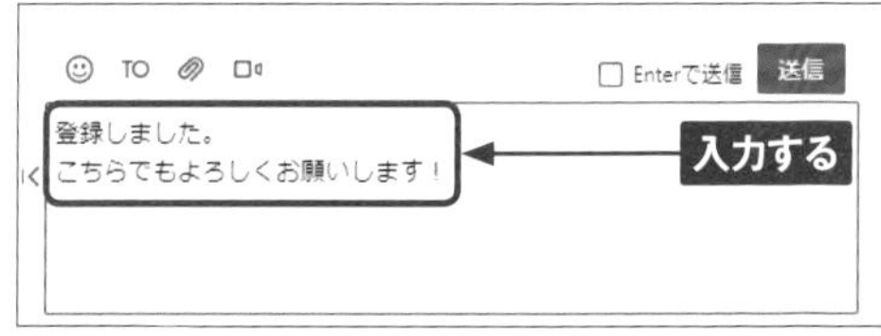

4 <送信>をクリックします。

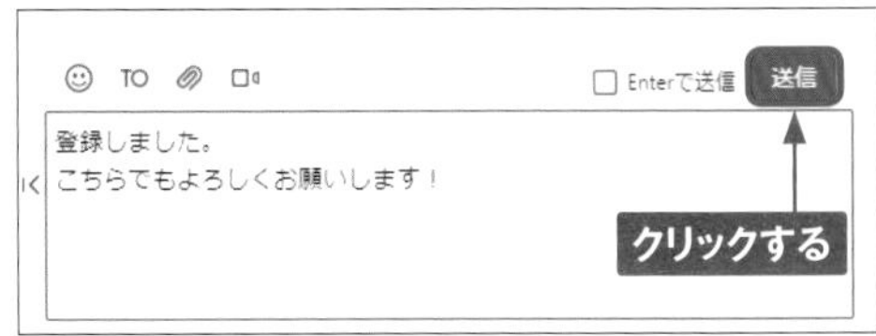

5 メッセージが送信されます。

Memo 絵文字の挿入

メッセージを入力するときに、絵文字を挿入することができます。画面下部の☺をクリックすると、絵文字一覧が表示されます。挿入したい絵文字をクリックすると、メッセージにタグとして反映されます。

Section 16 メッセージに返信する

コンタクトに追加した人からメッセージを受信したら、返信してみましょう。返信すると、Sec.15で解説した通常のメッセージの送信とは異なり、返信元のメッセージを確認することもできます。

メッセージに返信する

1 返信したいメッセージにマウスカーソルを合わせ、＜返信＞をクリックします。

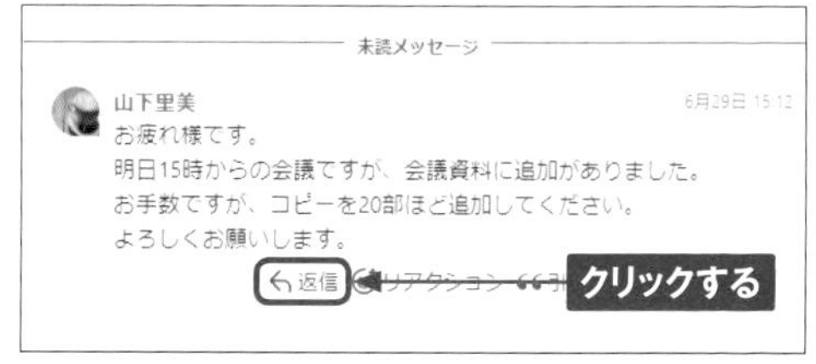

2 返信のメッセージを入力し、＜送信＞をクリックします。

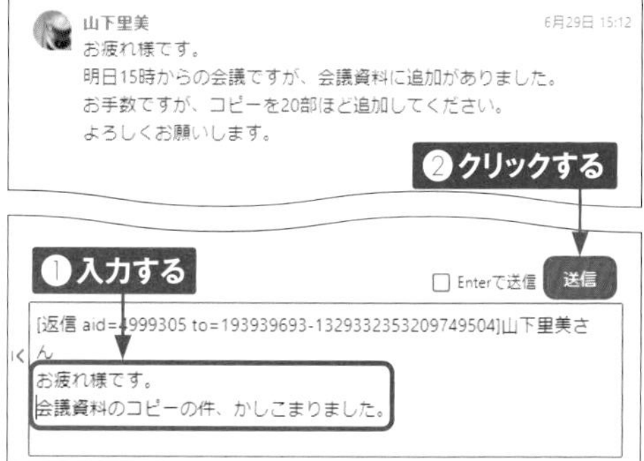

3 メッセージに返信できます。

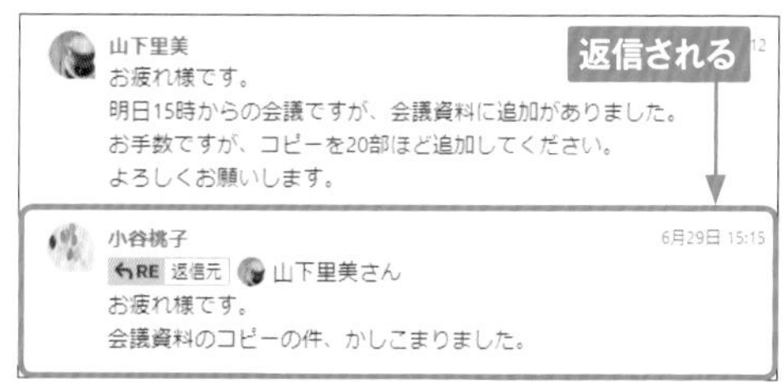

返信元のメッセージを確認する

1 返信元を確認したいメッセージの<RE 返信元>をクリックします。

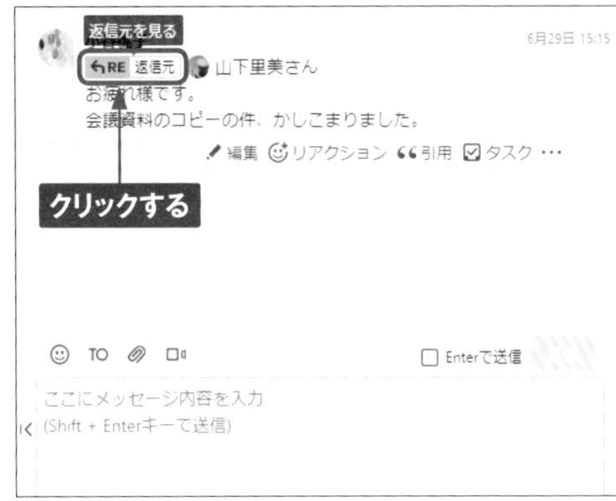

2 <このメッセージへ移動>をクリックします。

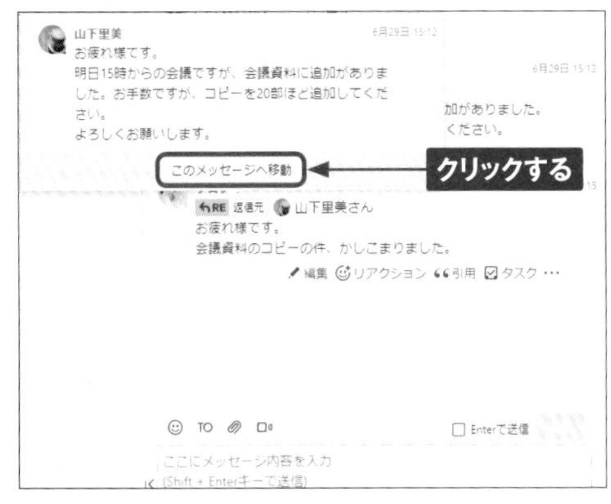

3 返信元のメッセージが表示されます。

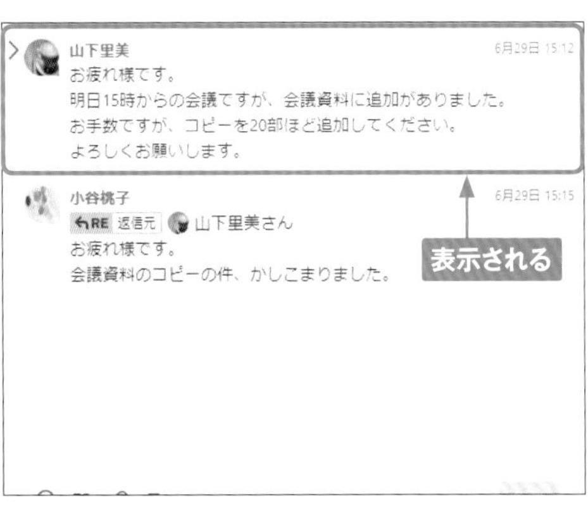

第3章 コミュニケーションをする

Section 17 リアクションでかんたんに返事をする

Chatworkには、「リアクション」という機能があります。動く絵文字のようなもので、読んだことを手短に伝えたいときは、リアクションで返事をするとかんたんです。リアクションを活用して、気軽に返信したり、気持ちを伝えたりしましょう。

リアクションを追加する

1 リアクションを追加したいメッセージにマウスカーソルを合わせ、<リアクション>をクリックします。

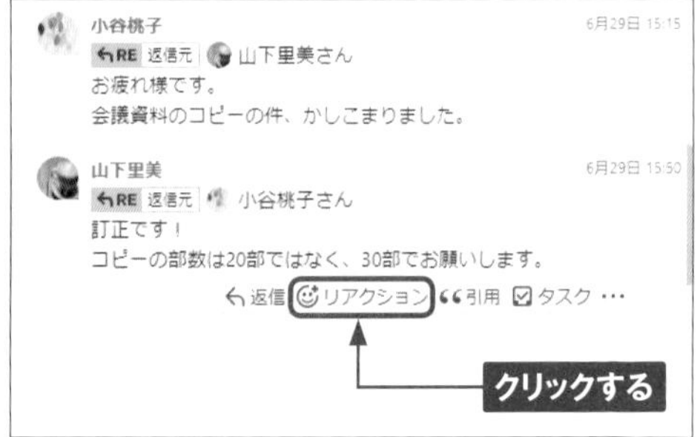

2 任意のリアクションをクリックします。

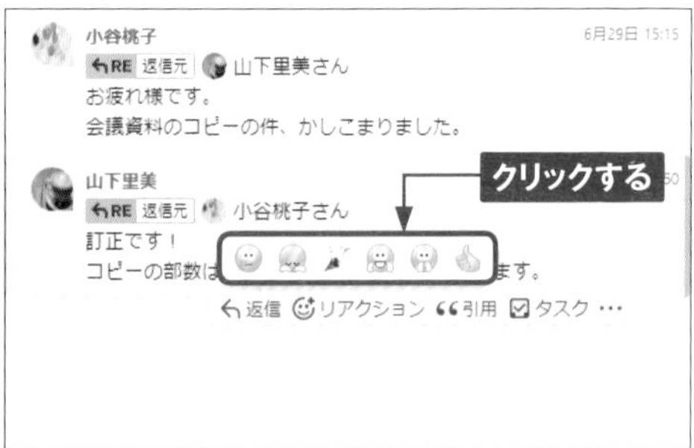

3 リアクションが追加されます。

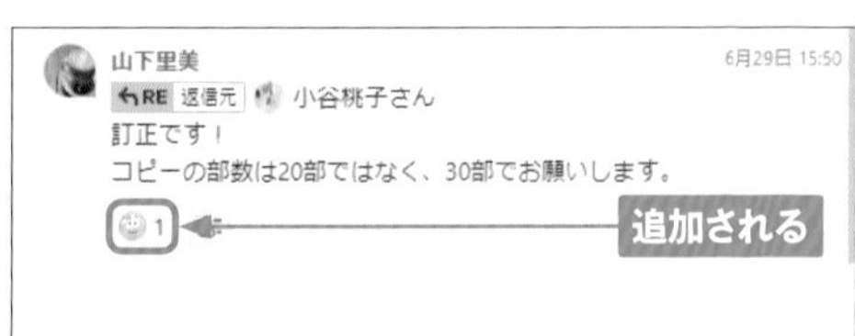

リアクションしたユーザーを確認する

1 P.42手順③の画面で、追加されたリアクションの右横にある をクリックすると、リアクションしたユーザーを確認できます。

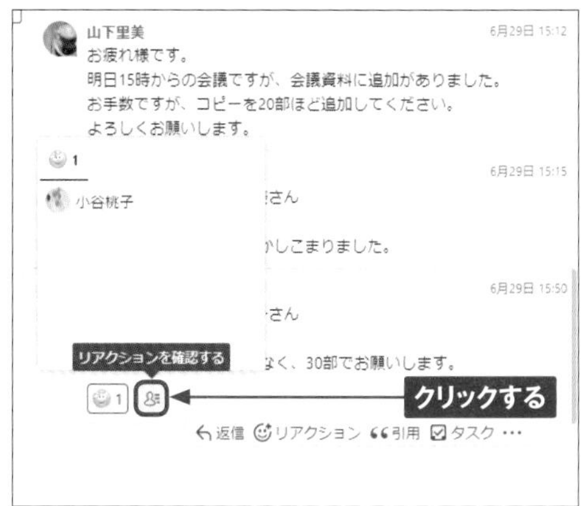

リアクションを削除する

1 追加したリアクションをクリックすると、リアクションを削除することができます。

Memo すでにあるリアクションと同じリアクションをする

グループチャット（第7章参照）では、チャット内のほかの人がメッセージにリアクションを追加していた場合、自分も同じリアクションをすることができます。すでにあるリアクションをクリックすると、同じリアクションを追加できます。

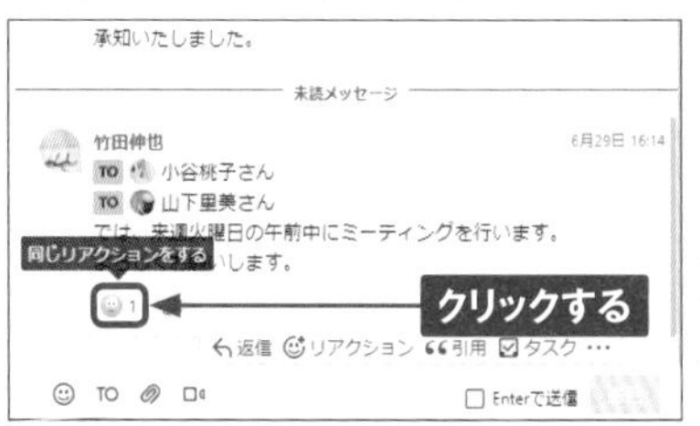

第3章 コミュニケーションをする

Section 18

ファイルや画像を送信する

Chatworkは、文字や絵文字以外にもファイルや画像を送信することができます。複数のファイルを選択し、送信することも可能です。ここでは、ファイルや画像の送信方法を紹介します。

ファイルや画像を送信する

1 ファイルまたは画像を送信したい相手のチャットを表示し、📎をクリックしてファイルを選択します。

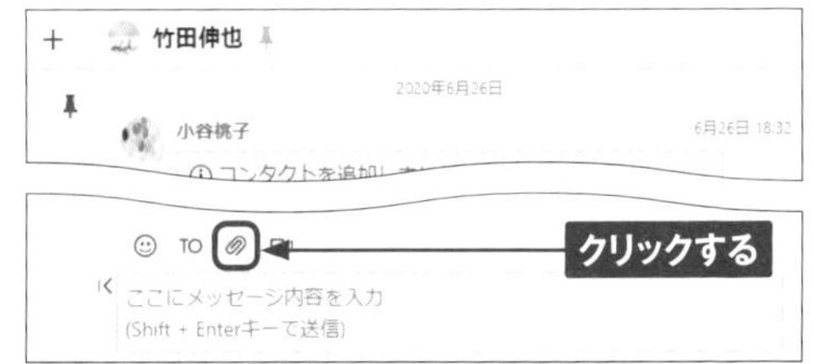

2 任意でメッセージを入力し、＜送信＞をクリックします。

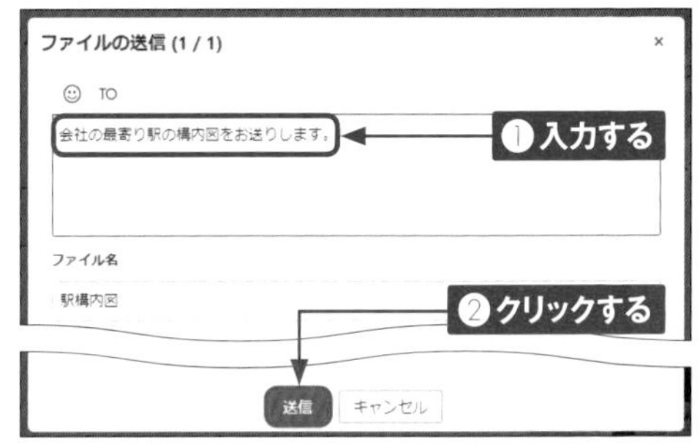

3 ファイルまたは画像が送信されます。

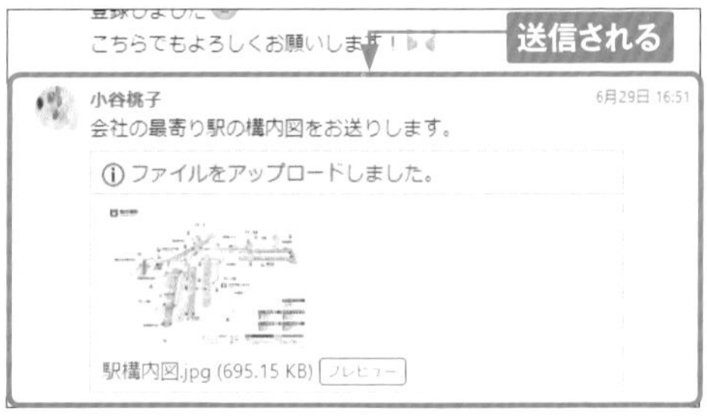

ドラッグ&ドロップで送信する

① ファイルまたは画像を送信したい相手のチャットを表示します。送信するデータを、メッセージを入力する欄にドラッグします。<このエリアにドロップしてください>の表示の中でドロップします。

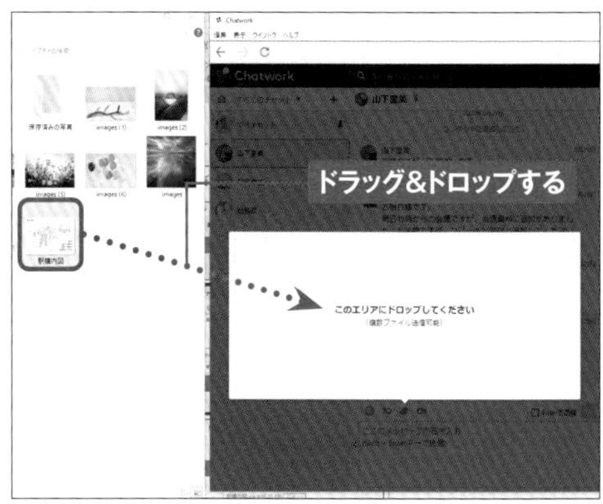

② メッセージを入力し、<送信>をクリックします。

Memo **複数のファイルを選択した場合**

複数のファイルを選択した場合、アップロードするときにファイルや画像ごとにメッセージを入力することができます。一括で送信したいときは、手順②の画面で<すべて送信>をクリックします。

Section 19

送信したメッセージを編集する

Chatworkでは、送信したメッセージをあとから編集したり、削除したりすることができます。覚えておくと、メッセージ内容を誤って送信してしまったときなどに便利です。なお、メッセージの編集ができるのは自分の送信したメッセージのみです。

メッセージを編集する

1 編集したいメッセージにマウスカーソルを合わせ、<編集>をクリックします。

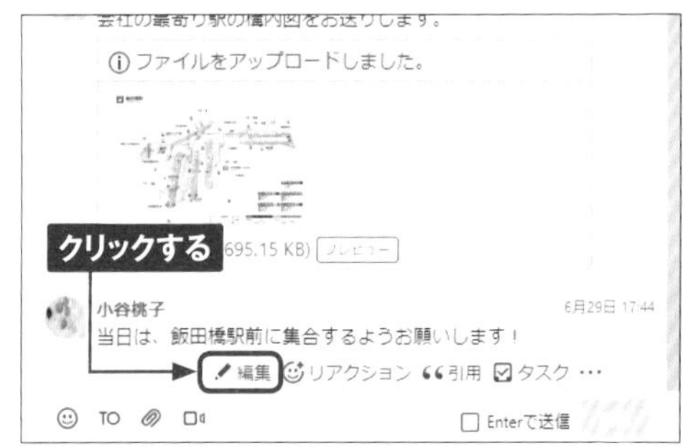

2 メッセージを入力し、<送信>をクリックします。

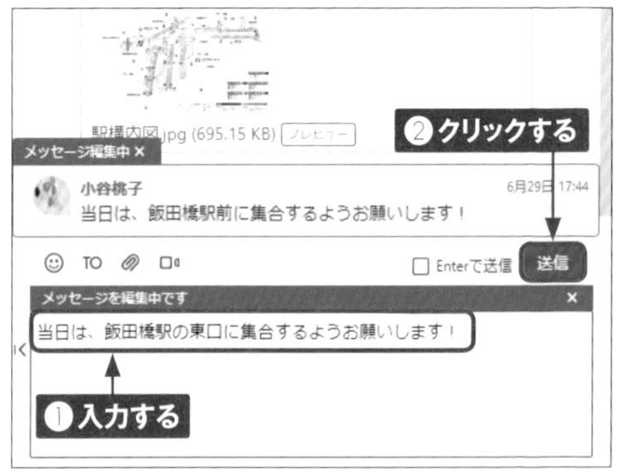

3 メッセージが編集されます。

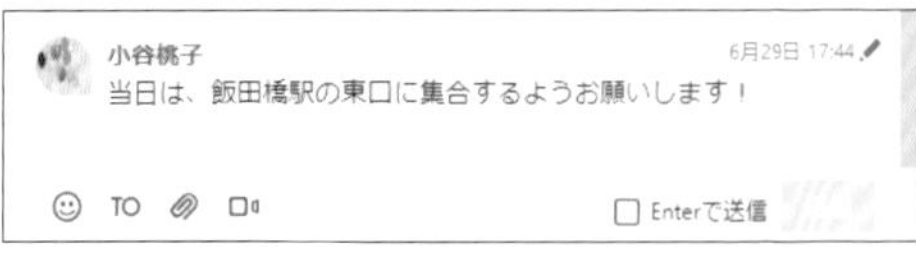

メッセージを削除する

1 削除したいメッセージにマウスカーソルを合わせ、…をクリックします。

2 <削除>をクリックします。

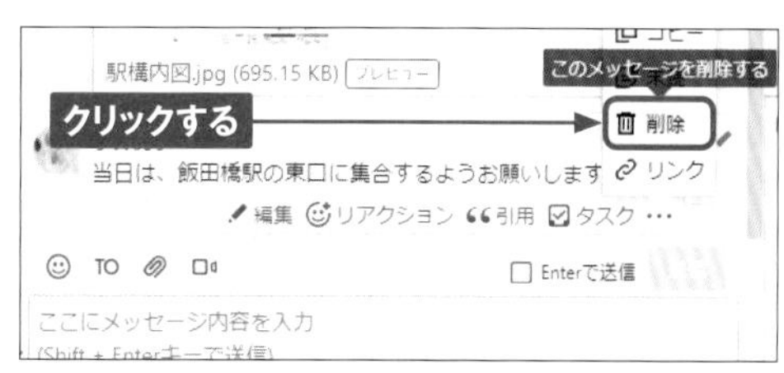

3 確認画面が表示されるので、<削除>をクリックします。

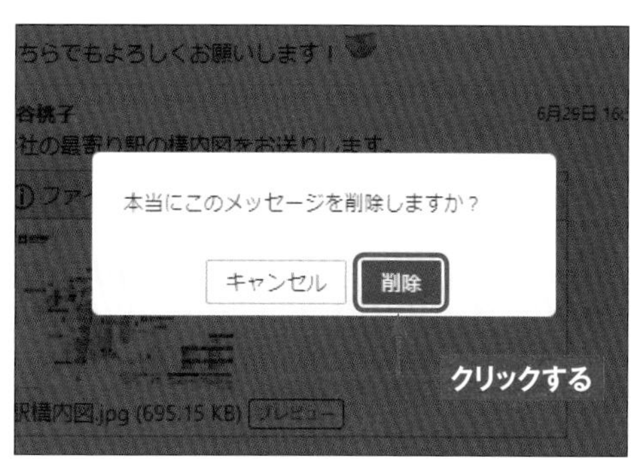

4 メッセージが削除されます。

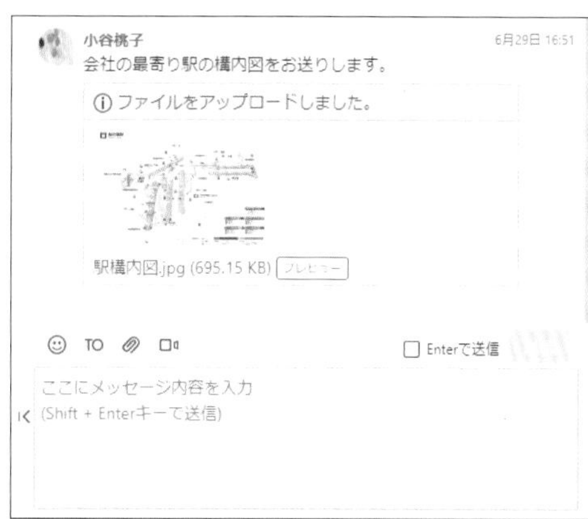

第3章 コミュニケーションをする

Section 20
メッセージを検索する

Chatworkでは、メッセージや参加しているグループチャット（第7章参照）を検索することができます。検索オプションを使うと、より細かく検索することが可能です。確認したいメッセージやチャットにすばやく移動でき、便利です。

メッセージを検索する

1 画面上部の＜チャット名、メッセージ内容を検索＞をクリックします。

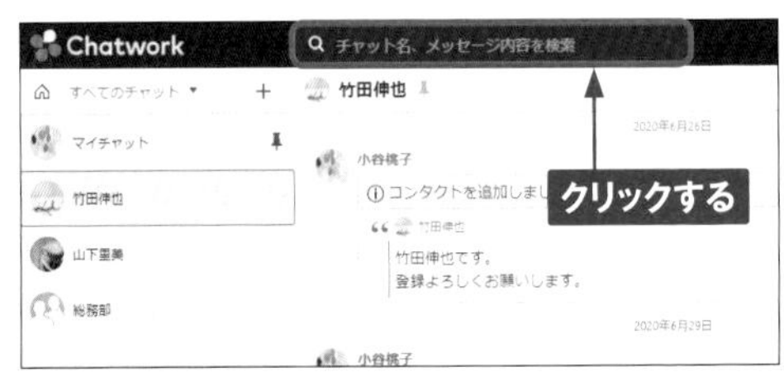

2 検索したい文字を入力し、＜"○○"でメッセージを検索＞をクリックします。

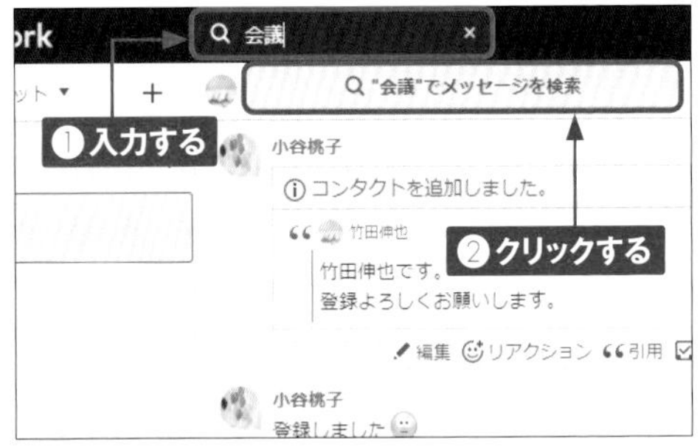

3 検索結果が表示されます。

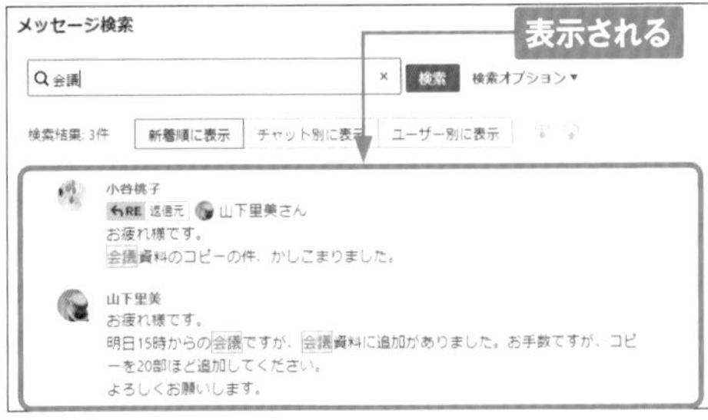

検索オプションを使用する

1 P.48手順③の画面で、<検索オプション>をクリックします。

2 発言者で絞り込みたい場合は、+をクリックします。任意の発言者のチェックボックスをクリックし、チェックを付けます。

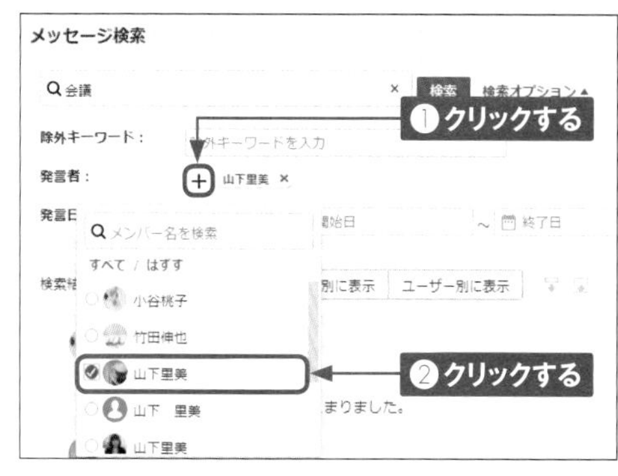

3 <検索>をクリックすると、検索結果が表示されます。なお、「除外キーワード」や「発言日」を設定して絞り込むこともできます。

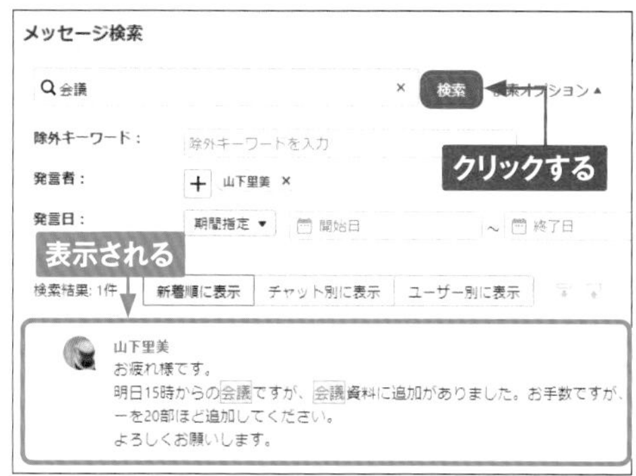

Memo チャット名を検索する

チャット名を検索するときは、<チャット名、メッセージ内容を検索>をクリックし、チャット名のキーワードを入力します。検索結果が表示されるので、閲覧したいチャット名をクリックすると、チャットへ移動することができます。

Section 21 メッセージを引用する

Chatworkでは、メッセージを引用してやり取りをすることができます。引用を利用することで会話の流れがわかりやすくなります。全文を引用する方法と一部分を引用する方法があります。

全文を引用する

1 引用したいメッセージにマウスカーソルを合わせ、＜引用＞をクリックします。

2 「ここにメッセージ内容を入力」のところへ引用されるので、その下にメッセージを入力し、＜送信＞をクリックします。

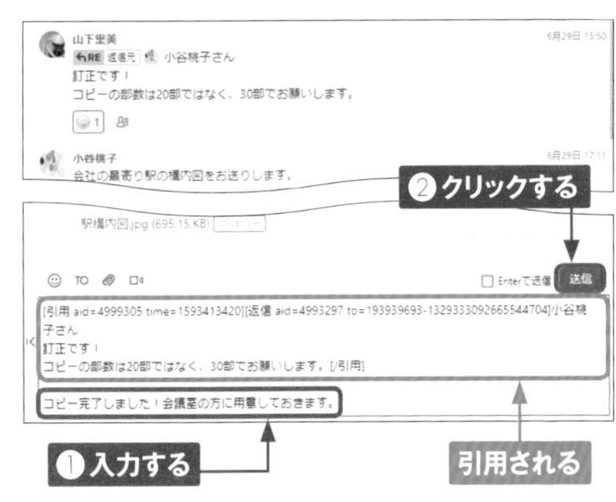

3 メッセージが引用された状態で送信されます。

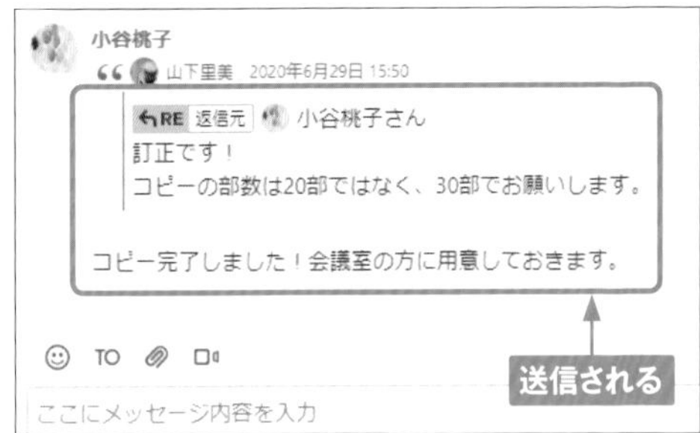

メッセージの一部分を引用する

1 引用したいメッセージの一部をマウスでドラッグし、<メッセージに引用>をクリックします。

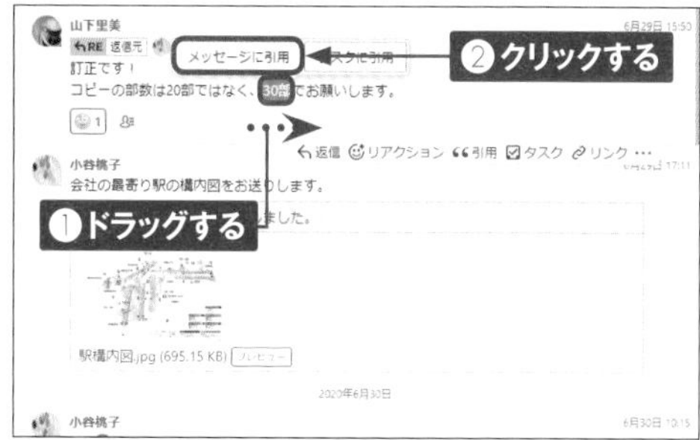

2 「ここにメッセージ内容を入力」のところへ一部が引用されるので、その下にメッセージを入力し、<送信>をクリックします。

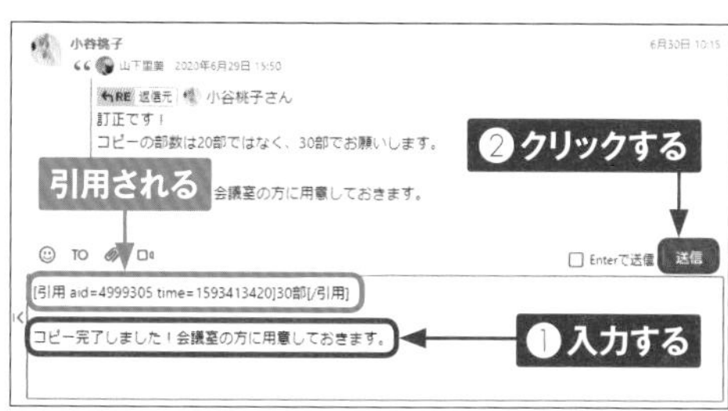

3 メッセージが引用された状態で送信されます。

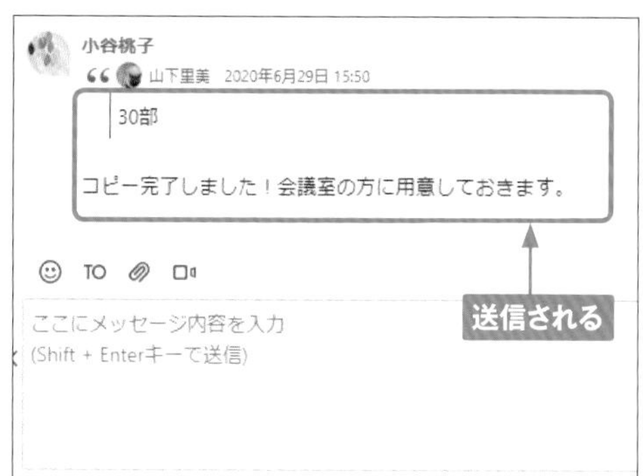

Memo 引用するときの注意点

引用すると、メッセージ入力欄に自動的に入力される［引用］～［／引用］は、引用を行うためのChatworkの記法（タグ）です。削除すると正常に引用ができなくなるので、注意しましょう。

Section 22

メッセージに罫線や見出しを付ける

メッセージを入力するときに、Chatwork専用の記法（タグ）を用いることで罫線や見出しなどの装飾をすることができます。装飾を付けることで、メッセージが読みやすくなります。なお、記法はすべて半角で入力します。

罫線を付ける

1 罫線を付けたいところに、[hr]と入力します。

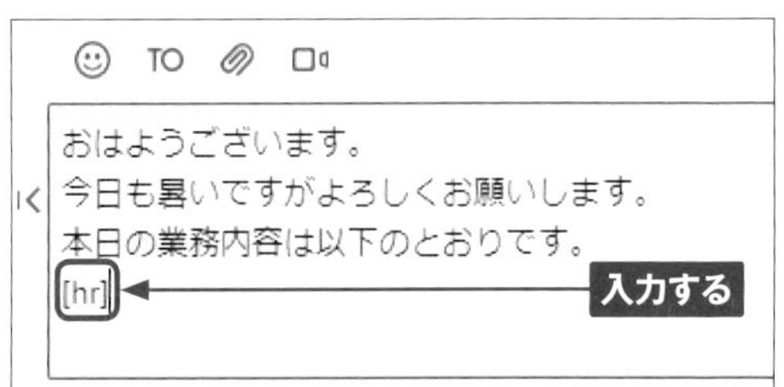

2 続きのメッセージを入力し、＜送信＞をクリックします。

3 メッセージに罫線が付きます。

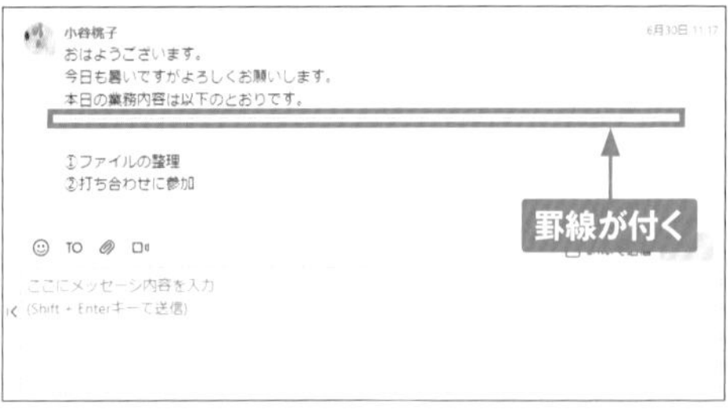

見出し付き囲み枠を付ける

1 見出しにしたいところに、[info][title]○○[/title]と入力します。

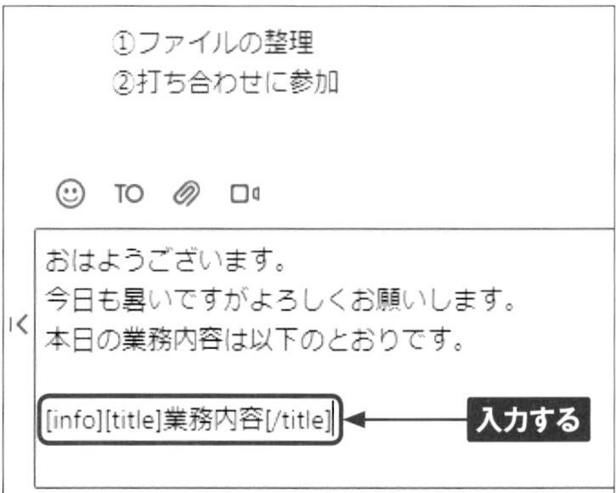

2 枠内に入るメッセージと[/info]を入力し、＜送信＞をクリックします。

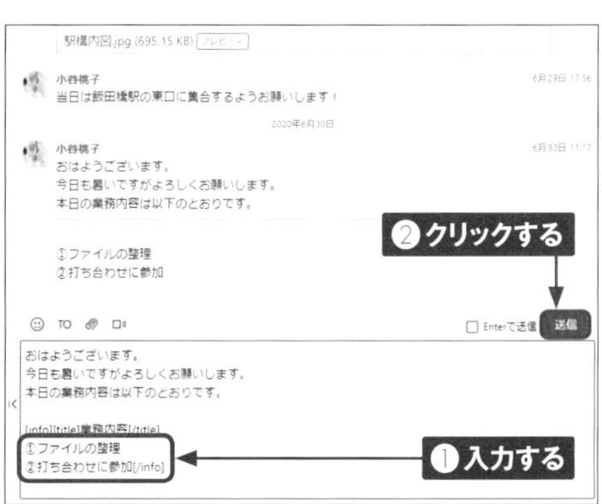

3 メッセージに見出し付き囲み枠が付きます。

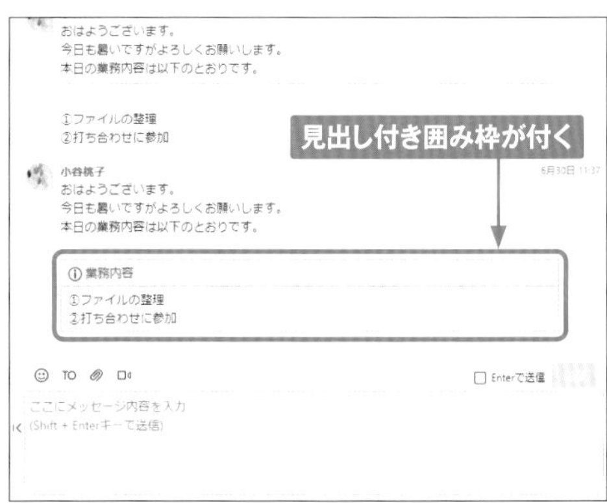

Memo メッセージ装飾用記法一覧

メッセージを装飾することのできる記法（タグ）一覧を紹介します。一覧は、Chatwork内の画面上部にある ⓘ →＜ショートカット一覧＞の順にクリックするといつでも確認できます。

●罫線

[hr]

●囲み枠

[info]内容[/info]

内容

●見出し付き囲み枠

[info][title]見出し[/title]内容[/info]

ⓘ 見出し

内容

●絵文字の変換を無効にする

[code]:)[/code]

:)

第4章

タスクを利用する

Section 23

タスクとは

Chatworkにはタスクの管理機能があります。ほかのコミュニケーションツールにはあまり見られない大きな特徴です。タスクを使いこなすことで、業務の進捗管理や依頼がスムーズにできます。

タスクを管理する

ビジネスシーンにおける「タスク」とは、「一定の期間内にやるべき仕事、課題」のことです。Chatworkには、このタスクを管理できる機能が備わっています。Chatworkでタスクを設定すると、いつまでに、誰が、何を、しなければいけないかが表示されます。そのため、業務全体が視覚的にわかりやすくなります。自分の仕事をタスクに設定するのはもちろんのこと、タスクをほかの人に依頼することや、反対にタスクの依頼を受けることも可能です。

マイチャットからタスクを追加した画面です。

タスクでできること

●タスクの追加

チャットごとにタスクをかんたんに追加できます。担当者と期限についての指定も可能です。

●タスクの編集

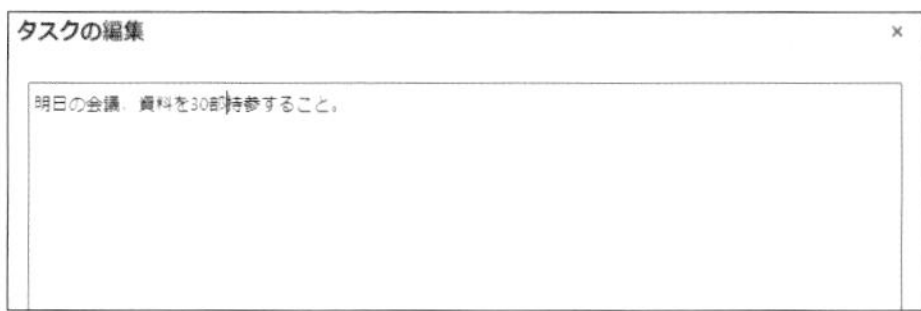

追加したタスクをあとから編集することができます。タスクの内容、担当者、期限を希望の内容に変更できます。

●タスクの完了

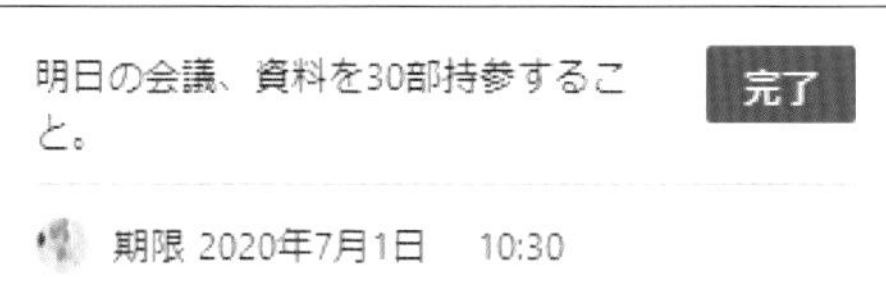

タスクが終わったら、「完了」の処理をすることで、タスク一覧から表示を消すことができます。

●タスクの依頼

タスクの担当者としてほかの人を選択して追加することで、相手にタスクを依頼できます。なお、自分がほかの人からタスクに追加されると、タスクを依頼されたことになります。

Section 24 タスクを追加する

自分の仕事をタスクに追加しておくと、進捗状況がひと目でわかります。追加したタスクは、画面右側のタスク一覧やタスクの管理画面ですぐに詳細を確認できるので、便利です。

タスクを追加する

1 マイチャットを表示し、<タスク追加>をクリックします。

クリックする

タスク

タスク追加

2 タスク内容を入力します。

入力する

タスク

明日の会議、資料を持参すること。

3 期限を指定する場合は、「期限」の右側の日付けをクリックし、任意の日にちをクリックして選択します。なお、期限を指定しない場合は✕をクリックします。

4 時間を指定する場合は、<時間指定なし>をクリックし、任意の時間をクリックして選択します。

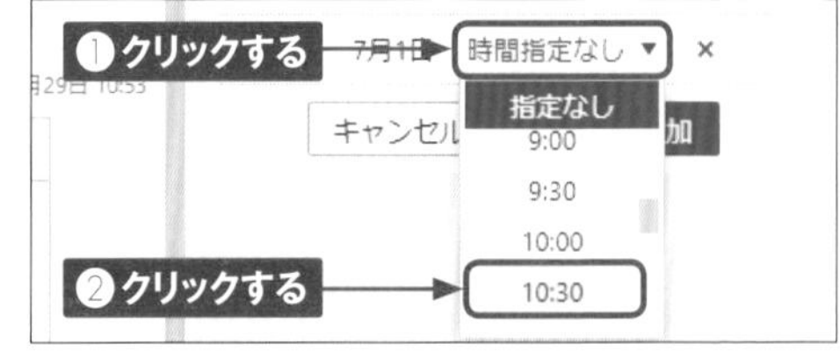

⑤ ＜タスクを追加＞をクリックすると、タスクが追加されます。

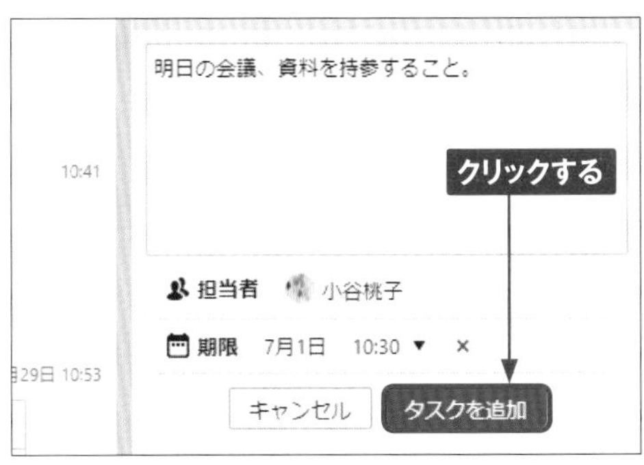

タスクを確認する

① 画面上部の☑をクリックします。タスクが追加されると、タスク管理のアイコンに数字が表示されます。この数字は未完了のタスクの数を表しています。

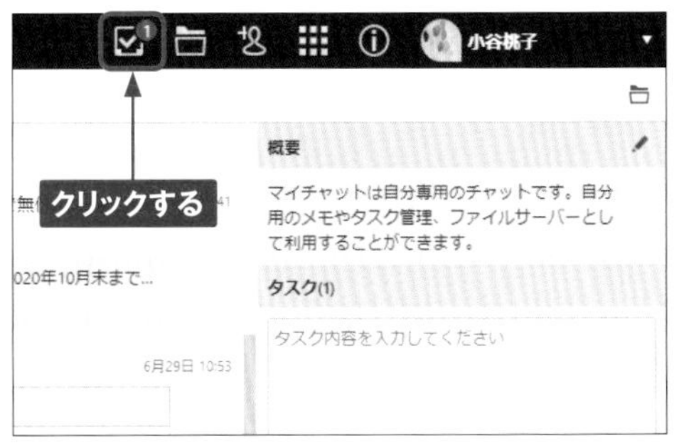

② タスクを確認することができます。

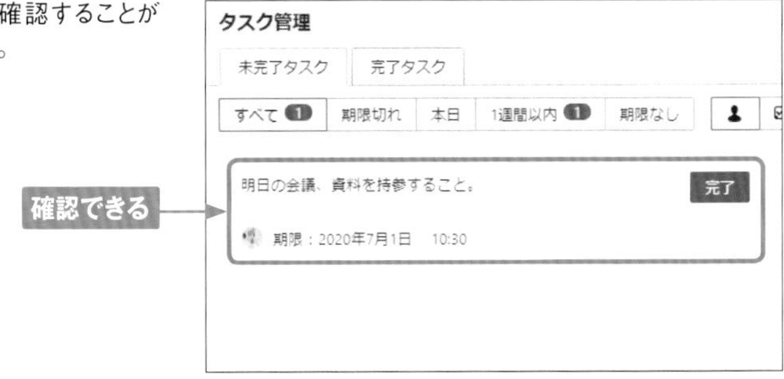

Memo 確認できないタスク

参加していないチャットのタスク一覧や、自分以外のユーザーも含めた全タスク一覧は確認することができません。

第4章 タスクを利用する

Section 25

タスクを編集する

一度追加したタスクはあとから編集することが可能です。編集の仕方を覚えておくと、タスクの内容に変更や訂正があった場合、すぐに修正することができます。なお、編集は必ずタスクの管理画面から行います。

画面右側のタスク一覧から編集する

1 画面右側のタスク一覧の中から、編集したいタスクにマウスカーソルを合わせ、✎をクリックします。

2 タスク内容を入力し、＜保存＞をクリックします。なお、期限の日付けや時間をクリックして変更することもできます。

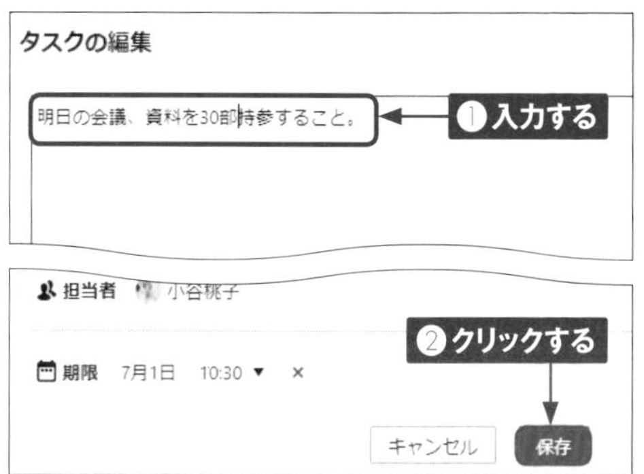

3 タスクが編集されます。

編集される

明日の会議、資料を30部持参すること。

完了

期限 2020年7月1日 10:30

タスクの管理画面から編集する

1 P.59「タスクを確認する」を参考に、タスクの管理画面を表示します。編集したいタスクにマウスカーソルを合わせ、✎をクリックします。

2 タスク内容を入力し、＜保存＞をクリックします。なお、期限の日付けや時間をクリックして変更することもできます。

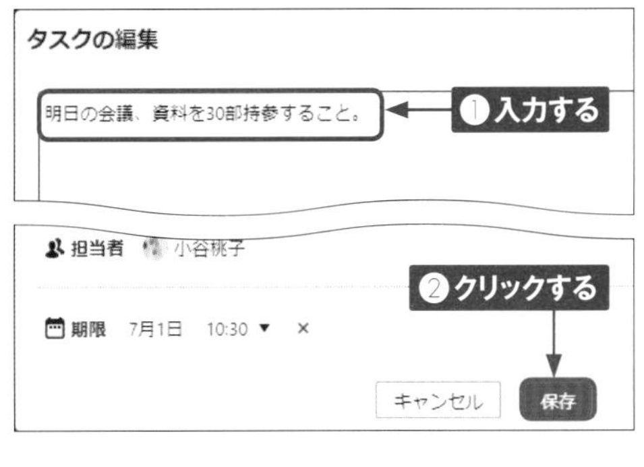

3 タスクが編集されます。

Memo タスクを編集するときの注意点

メッセージのタイムラインに表示されたタスクを変更しても、タスク自体には変更が反映されません。

第4章 タスクを利用する

Section 26

タスクを完了させる

終わったタスクは「完了」の処理をすることで、画面右側のタスク一覧やタスクの管理画面からなくすことができます。もし、間違って完了させてしまっても、タスクの管理画面から「未完了」に戻すことが可能です。

タスクを完了させる

●画面右側のタスク一覧から完了させる

1 画面右側のタスク一覧で、完了させたいタスクの＜完了＞をクリックします。

●タスクの管理画面から完了させる

1 P.59「タスクを確認する」を参考に、タスクの管理画面を表示します。完了させたいタスクの＜完了＞をクリックします。

タスクを未完了に戻す

① P.59「タスクを確認する」を参考に、タスクの管理画面を表示します。<完了タスク>をクリックします。

② 未完了に戻したいタスクの<未完了>をクリックします。

③「未完了タスク」に表示されます。

Memo タスクを削除する

タスクを削除するときは、削除したいタスクにマウスカーソルを合わせ、🗑→<削除>の順にクリックすると、削除できます。

Section 27 メッセージの内容をタスクにする

ほかの人から届いたメッセージをそのままタスクへと追加する方法があります。わざわざ入力しなくてもタスク化できるため、とても便利です。なお、メッセージを送った相手にもタスクへ追加したことがわかるようになっています。

メッセージをタスク化する

1 タスクに追加したいメッセージにマウスカーソルを合わせ、<タスク>をクリックします。

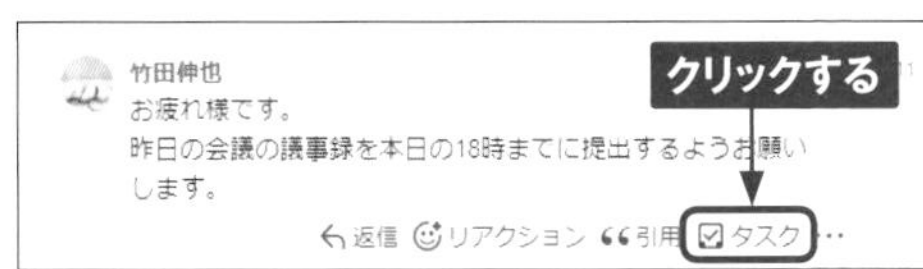

2 画面右側のタスク一覧の入力欄にメッセージが引用されます。<選択>をクリックします。

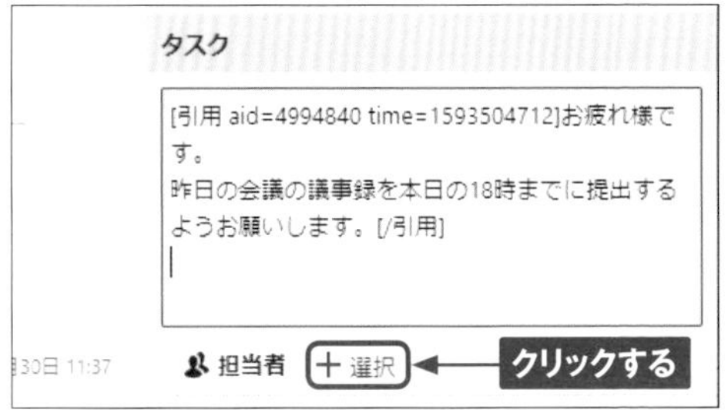

3 担当者の名前をクリックし、チェックを付けます。

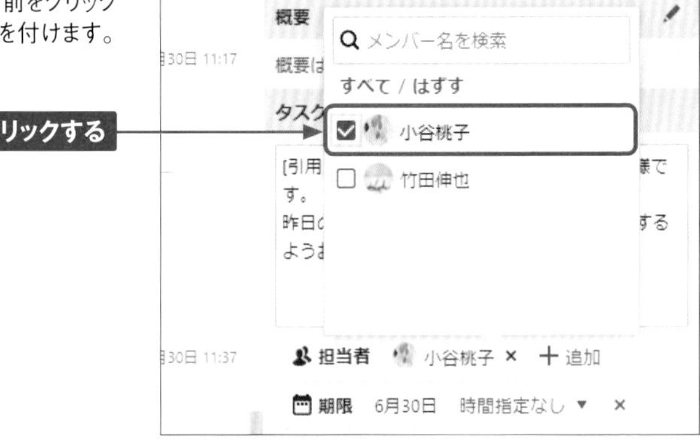

4 時間を指定する場合は、<時間指定なし>をクリックし、任意の時間をクリックして選択します。なお、期限の日付けをクリックして指定することもできます。

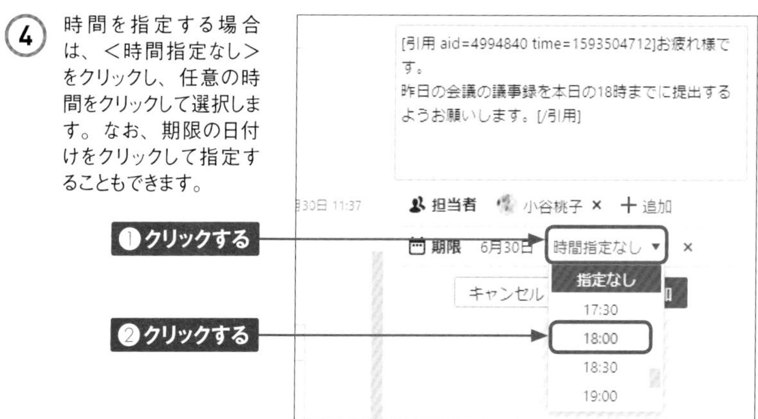

5 <タスクを追加>をクリックします。

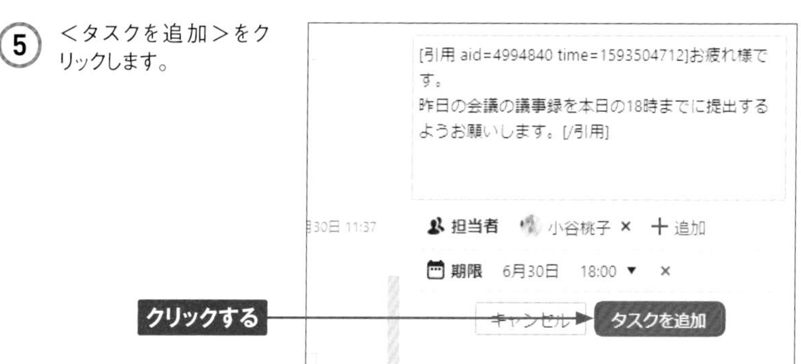

6 画面右側のタスク一覧に表示されます。

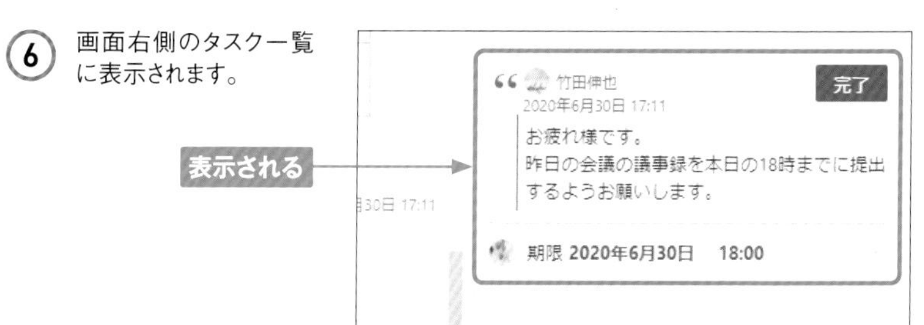

Memo メッセージをタスクに追加すると

メッセージをタスクに追加すると、そのメッセージを送った相手のタイムラインにもそのメッセージがタスクに追加されたことが通知されます。

Section 28

タスクを依頼する

Chatworkでは、コンタクトに追加している相手にタスクを依頼することができます。自分のタスクの追加に慣れてきたら、メンバーにタスクを依頼して、業務の効率化を図りましょう。

タスクを依頼する

1 チャット一覧から、タスクを依頼したい相手の名前をクリックし、<タスク追加>をクリックします。

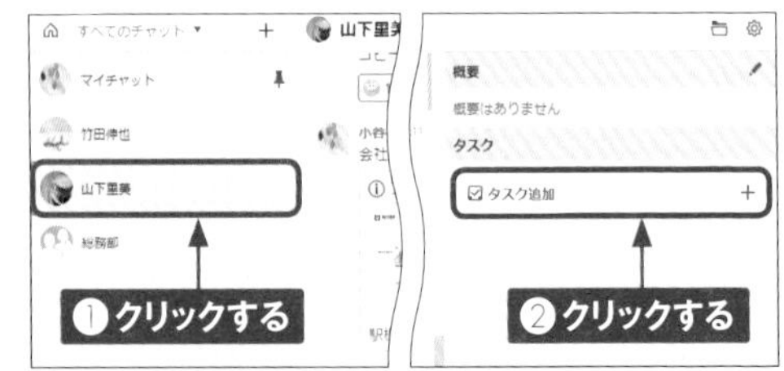

2 タスク内容を入力し、<選択>をクリックします。

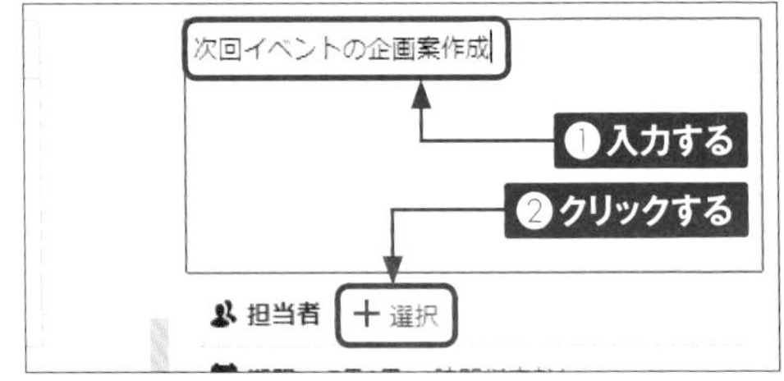

3 タスクを依頼したい相手の名前をクリックし、チェックを付けます。なお、複数人選択することも可能です。

4 期限を指定する場合は、「期限」の右側の日付けをクリックし、任意の日にちをクリックして選択します。

5 時間を指定する場合は、<時間指定なし>をクリックし、任意の時間をクリックして選択します。

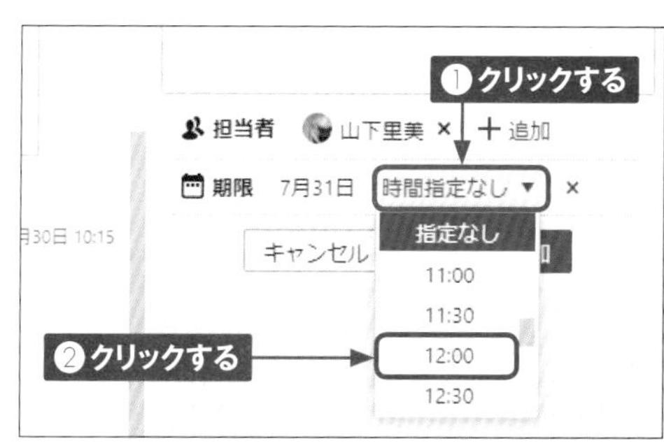

6 <タスクを追加>をクリックします。

7 タスクの依頼が完了します。

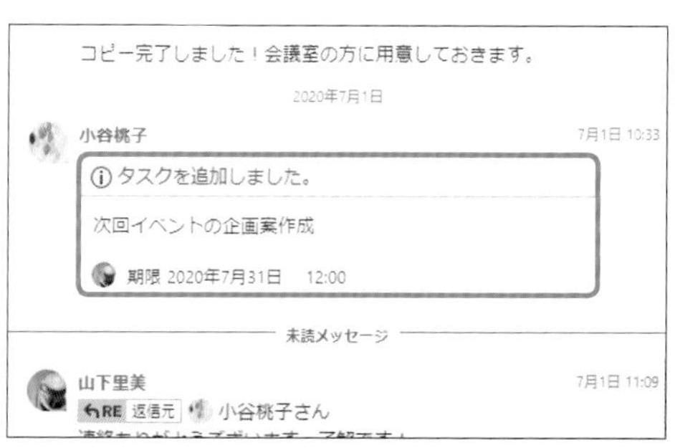

第4章 タスクを利用する

8 依頼したタスクを確認する

1 画面右上の☑をクリックします。

2 ☑➔をクリックします。

3 依頼したタスクを確認できます。

Section 29

依頼されたタスクを受ける

タスクを依頼されると、自動的に自分のタスクに追加されます。タスクを受けるかどうかの確認画面は表示されませんが、タスクに直接返信することで反応を示すことができます。

タスクに返信する

1 依頼されたタスクにマウスカーソルを合わせ、<返信>をクリックします。

クリックする

2 メッセージを入力し、<送信>をクリックします。

3 依頼されたタスクに返信できます。

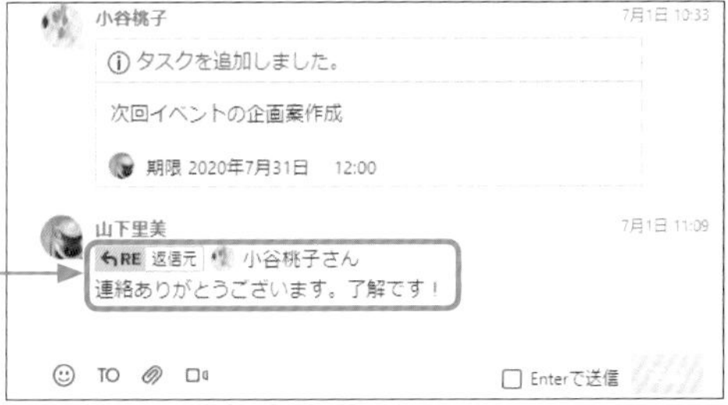

Section 30 自分のタスクのみ表示する

グループチャット（第7章参照）のタスクは、グループのメンバー全員が確認することができるため、自分のタスクが見分けづらい場合があります。ここでは、グループチャットの中で自分のタスクのみ表示する方法を紹介します。

自分のタスクのみ表示する

① グループチャット（第7章参照）を開きます。画面右側に表示されている「自分のタスクのみ表示」のチェックボックスをクリックし、チェックを付けます。

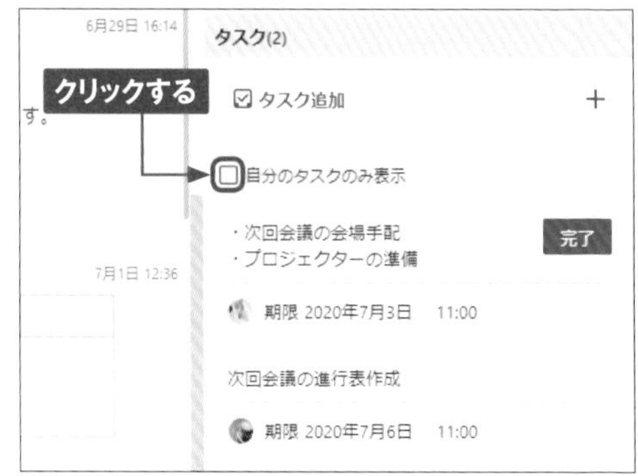

② 自分のタスクのみ表示されます。

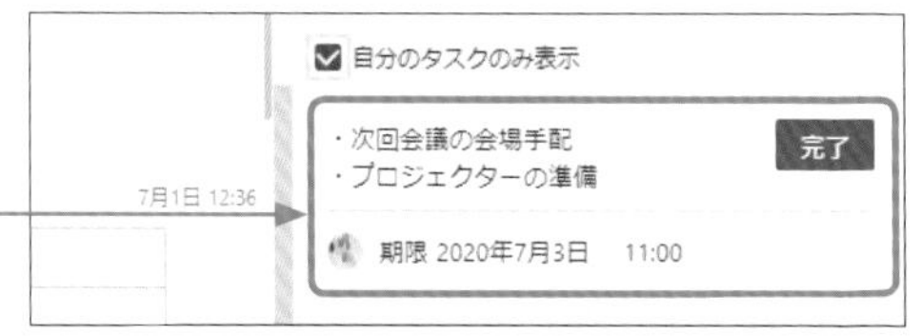

Memo タスクの管理画面から行う場合

P.59「タスクを確認する」を参考に、タスクの管理画面を表示します。👤をクリックすると自分のタスクのみ表示できます。

Section 31

タスクを期限別に表示する

自分の抱えているタスクを期限別に表示して、確認することができます。期限別に表示することで、優先順位を確認し、タスクに漏れがないように業務を進行することができます。

タスクを期限別に表示する

1 画面上部の☑をクリックします。

2 一週間以内のタスクのみを表示したい場合は、＜1週間以内＞をクリックします。なお、「期限切れ」や「本日」のタスクごとに表示することも可能です。

3 期限のないタスクのみを表示したい場合は、＜期限なし＞をクリックします。

Section 32
マイチャットでタスクを管理する

マイチャットでは、自分のタスクをより見やすく管理することができます。タスクが増えてくると、1つずつタスクを追加していくのは時間がかかります。マイチャットからタスクを追加するとき、メモ形式でタスクを作ると、タスクを整理できて便利です。

タスクのメモを作る

① P.58手順①を参考に、タスクの入力画面を表示します。タスクのメモを入力します。

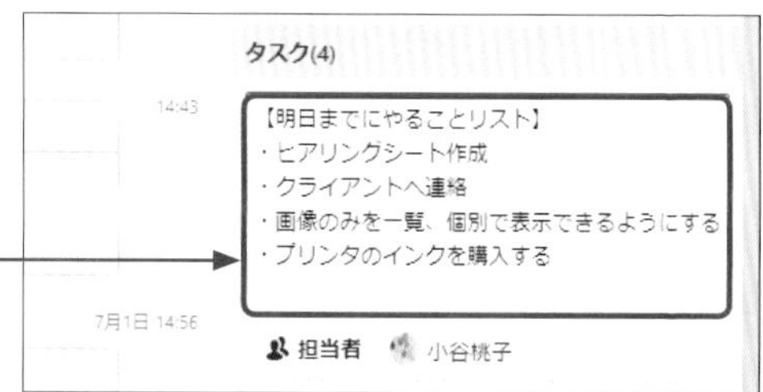

② 期限を指定する場合は、「期限」の右側の日付けをクリックします。任意の日にちをクリックして選択し、<タスクを追加>をクリックします。なお、期限を指定しない場合は、✕をクリックします。時間を指定する場合は、<時間指定なし>をクリックして指定します。

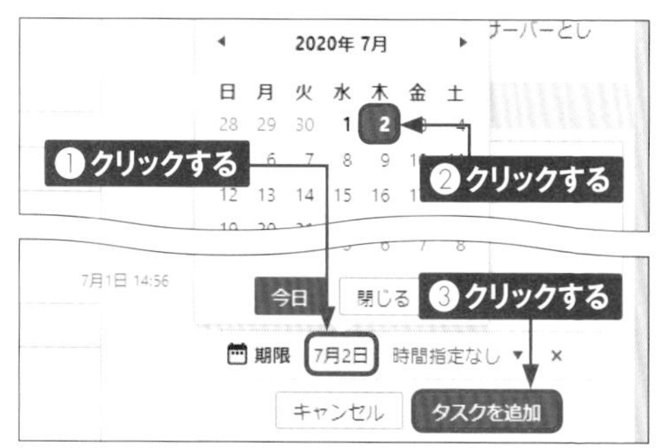

③ タスクのメモが追加されます。

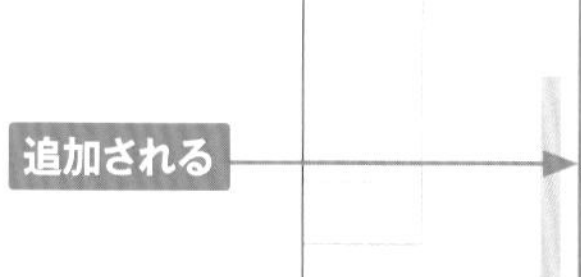

第5章

ビデオ通話や音声通話をする

Section 33 Chatwork Liveとは

Chatwork Liveは、映像や音声を介したやりとりができる機能です。チャットだけでは伝えにくい内容も、Chatwork Liveをうまく利用すると情報共有をより円滑に行うことができます。

Chatwork Liveとは

Chatwork Liveとは、「ビデオ通話」「音声通話」「画面共有」機能の総称です。お互いにコンタクトに追加している相手ならば、Chatwork Liveでのやり取りが可能です。チャットのメッセージにおける文字での情報交換に加え、顔を見ながら相手と話したり、同じパソコンの画面を見たりしながら効率的にコミュニケーションをすることができます。ビデオ通話の場合、1通話への参加最大人数は、フリープランでは2人まで、ほかの有料プランでは14人までです。

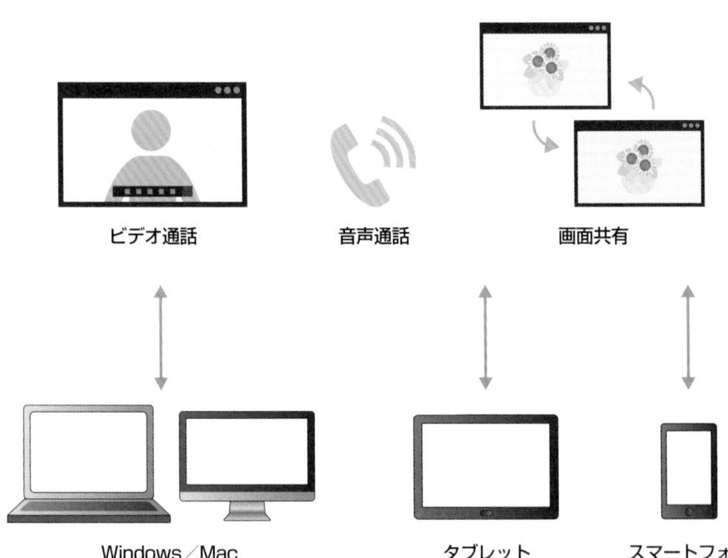

さらに、ビデオ通話と音声通話は混在して利用することができます。たとえば、チャットルームにビジネス（有料）プランの契約者が参加している場合、該当チャットルームで開始した通話は、14人までビデオ通話で参加可能です。
また、通話人数の上限は、通話が開始されたときのチャットルームのメンバーのプランで決まります。つまり、チャットルームのメンバーに有料プランユーザーが参加していれば、そのチャットルーム内での通話はすべて有料プランの上限が適用されます。万が一、ビデオ通話の最大人数を超えた場合は、自動的に音声通話に切り替わります。
なお、通話中はメッセージやファイルの送信機能は使うことができません。

Chatwork Liveを利用するには

Chatworkのデスクトップ版アプリでも、Chatwork Liveを利用することができます。なお、接続先の制限をしている場合、Chatwork Liveを利用するには、あらかじめ動作環境の確認やネットワークの許可設定が必要です。デスクトップ版アプリで、Chatwork Liveが利用できる条件は以下の通りです。

項目	必要な許可設定
ドメイン	*.agora.io *.agoraio.cn（中国から接続する場合）
ポート	TCP: 80; 443; 5668; 5669; 5866 ～ 5890; 6080; 6443; 8667; 9667 ; 9591; 9593 UDP: 10000 ～ 65535

そのほか、音声を入力するマイク、音声を出力するスピーカーまたはヘッドフォン（イヤホン）、さらにビデオ通話を利用する場合はWebカメラも必要です。これらの機器がパソコンに搭載されていない場合は、別途用意しましょう。マイクとヘッドフォンが一体になったヘッドセットがあると、ハンズフリーで通話ができて便利です。パソコンによっては、「スピーカーの音質が悪い」「搭載カメラの画質が悪い」ということもあります。あらかじめ、通話がスムーズにできる環境かどうか確認し、必要に応じて改善しておきましょう。

Memo ブラウザ版とモバイル版アプリでの動作環境

ブラウザ版では、「Google Chrome」「Mozilla FireFox」「Safari 10以降」に対応しています。いずれも、最新バージョンでの利用が推奨されています。なお、「Safari」では画面共有機能を使うことができません。モバイル版アプリでは、「iOS12.0以上」「Android OS 6.0以上」に対応しています。

Section 34

ビデオ通話をする

Chatwork Liveでは、相手の顔を見ながら通話するビデオ通話が可能です。ビデオ通話をしたい相手のチャットからかんたんに発信することができます。ここでは、1対1の通話の仕方を紹介します。

ビデオ通話を発信する

1 チャット一覧から、通話を発信したい相手の名前をクリックして、□◁をクリックします。

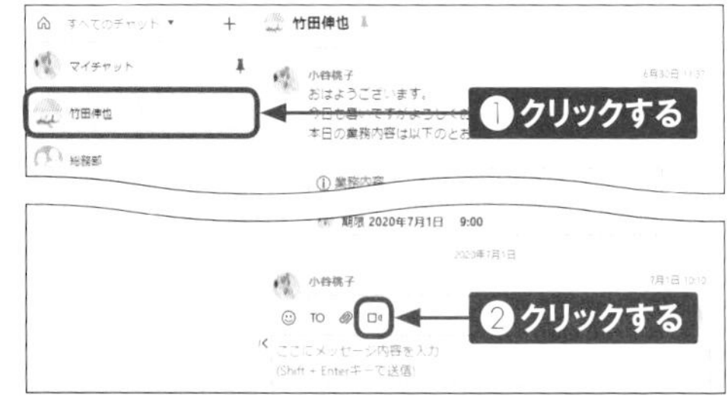

2 <ビデオ通話>をクリックします。

3 相手の呼び出しが始まります。

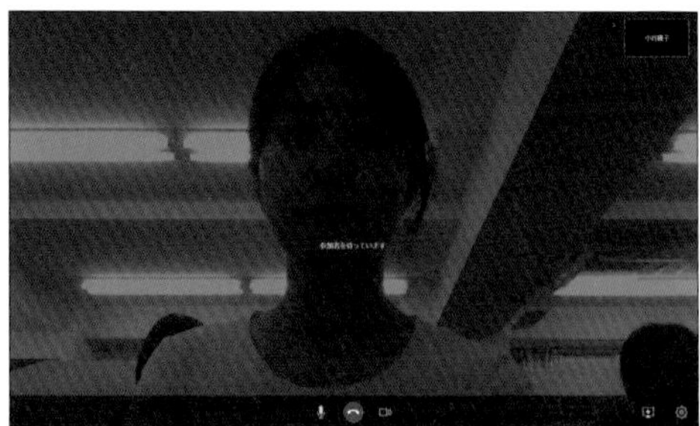

4 相手がビデオ通話に応じると、画面に相手の顔が表示されます。◙をクリックすると、ビデオ通話が終了します。

ビデオ通話に応答する

1 相手から着信があると、画面右下に招待の通知が表示されます。<Chatwork Liveを開始>をクリックします。

2 <ビデオ通話>をクリックします。

3 ビデオ通話に応答すると、画面に相手の顔が表示されます。◙をクリックすると、ビデオ通話が終了します。

Section 35

音声通話をする

Chatwork Liveでは、コンタクトに追加している相手であれば、無料で音声通話をすることができます。ここでは、音声通話のかけ方と応答の仕方を解説しています。相手からの着信があったときは、応答して通話してみましょう。

音声通話を発信する

1 チャット一覧から、通話を発信したい相手の名前をクリックして、□をクリックします。

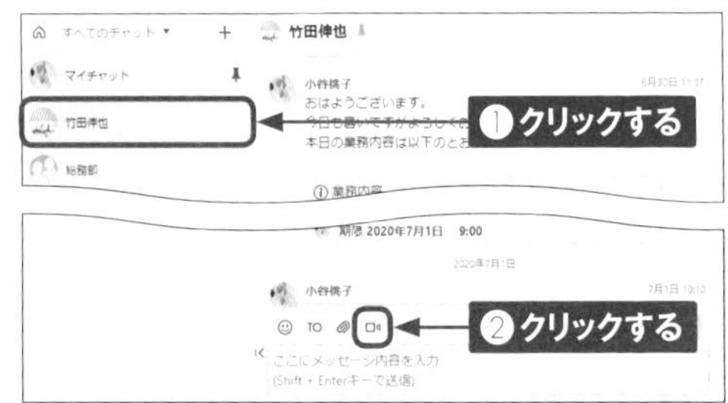

2 ＜音声通話＞をクリックします。

3 相手を呼び出しています。

④ 相手が音声通話に応じると、画面に相手の写真（アイコン画像）が表示されます。■をクリックすると、音声通話が終了します。

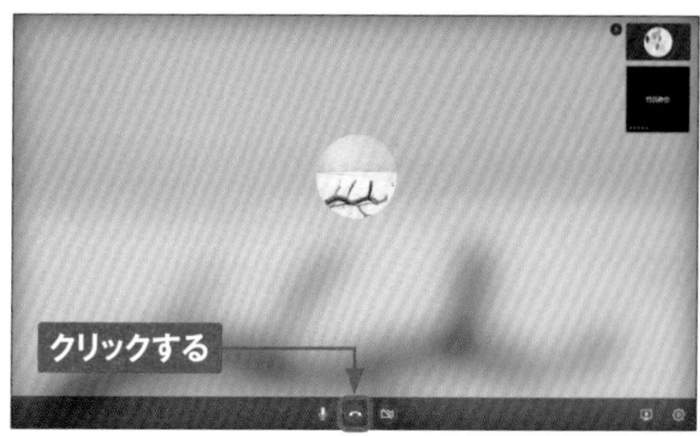

音声通話に応答する

① 相手から着信があると、画面右下に招待の通知が表示されます。<Chatwork Liveを開始>をクリックします。

② <音声通話>をクリックします。

③ 音声通話に応答すると、画面に相手の写真（アイコン画像）が表示されます。■をクリックすると、音声通話が終了します。

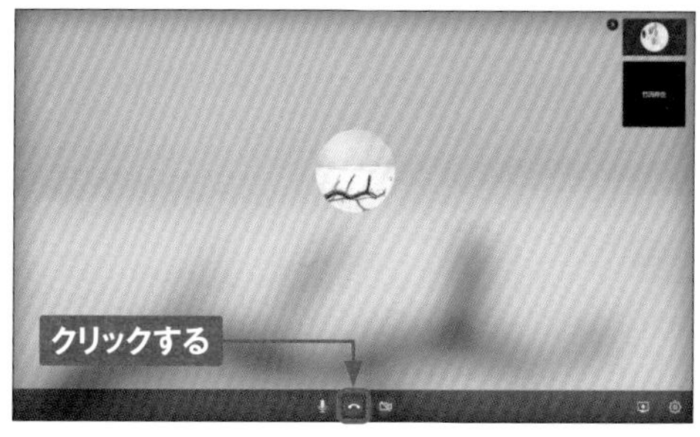

Section 36

画面共有する

Chatwork Liveでは、通話中に相手と画面共有を行うことができます。共有を開始したユーザーは、自分のパソコン画面を操作し、パソコン内の資料やアプリの画面を表示させることが可能です。

画面共有の使い方

1 通話画面で右下の■をクリックします。

2 「画面を共有する」画面が表示されます。<画面全体>をクリックすると、自分のパソコン画面を相手と共有することができます。

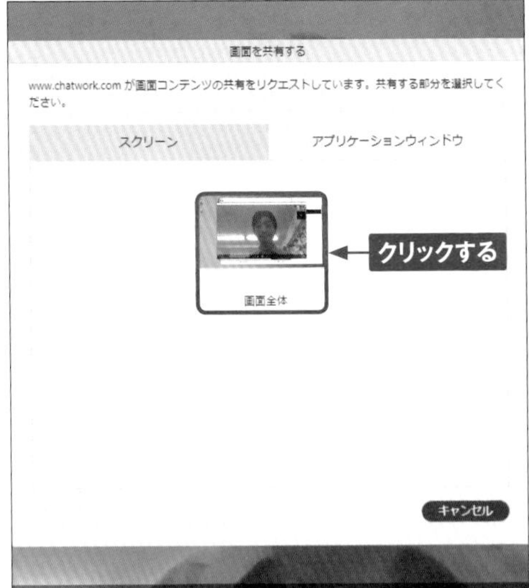

3 ＜アプリケーションウィンドウ＞をクリックすると、現在開いているアプリの画面が表示されます。任意の画面をクリックします。

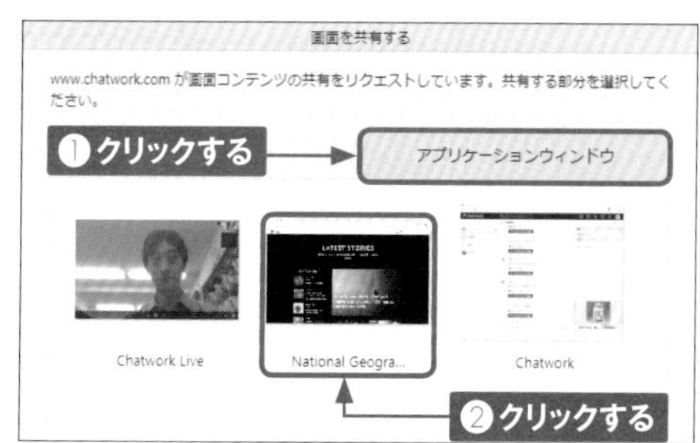

4 相手と共有したい画面を表示します。

5 相手の画面に、自分のパソコン画面が表示されます。

6 画面共有を終了するときは、Chatworkアプリのウィンドウに切り替え、＜画面共有を停止＞をクリックすると、P.80手順①の画面に戻ります。

Section 37

映像の設定をする

Chatwork Liveでは、通話中にビデオのカメラのオン／オフを切り替えることができます。状況に応じて、ビデオ通話と音声通話を使い分けてみましょう。また、カメラの視点もかんたんに切り替えることが可能です。

ビデオをオン／オフにする

1 音声通話画面で下部にあるをクリックします。

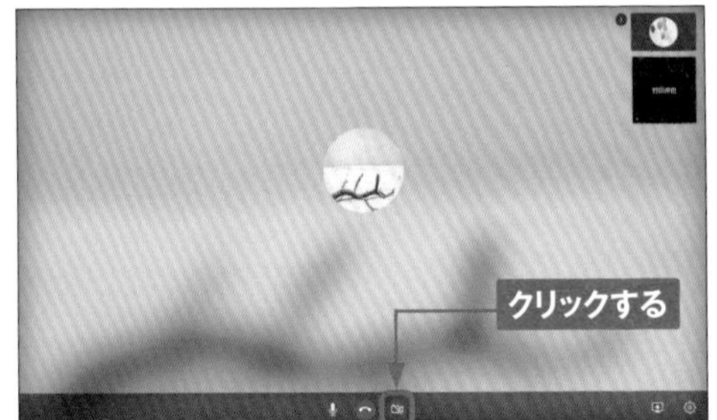

2 ビデオがオンになり、ビデオ通話画面に切り替わります。ビデオをオフにするときは、画面下部にあるをクリックします。

3 ビデオがオフに戻ります。

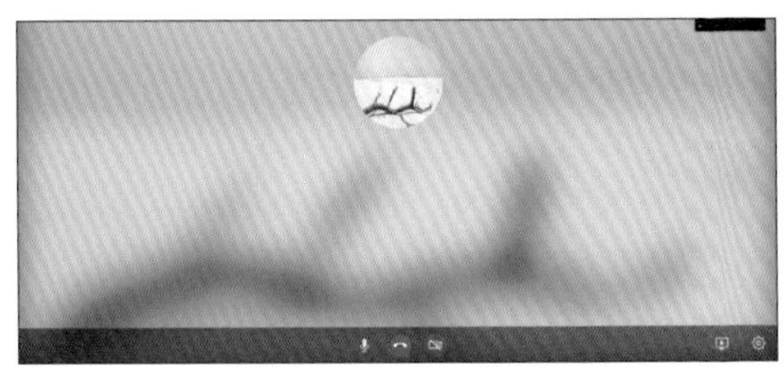

カメラを切り替える

1 画面右上の自分が写っている枠をクリックします。

2 カメラが切り替わり、自分の顔が表示されます。画面右側の相手の顔が映っている枠をクリックすると、もとに戻って、画面に相手の顔が表示されます。

Memo カメラの設定をする

複数のカメラがある場合のカメラの切り替えなど、カメラの設定を変更するときは、通話画面の右下にある⚙をクリックし、「ビデオ通話設定」画面を表示します。「カメラ」の設定を変更したら、×をクリックし、画面を閉じます。ブラウザ版の場合は、その後、設定を反映するために一度ブラウザを更新します。

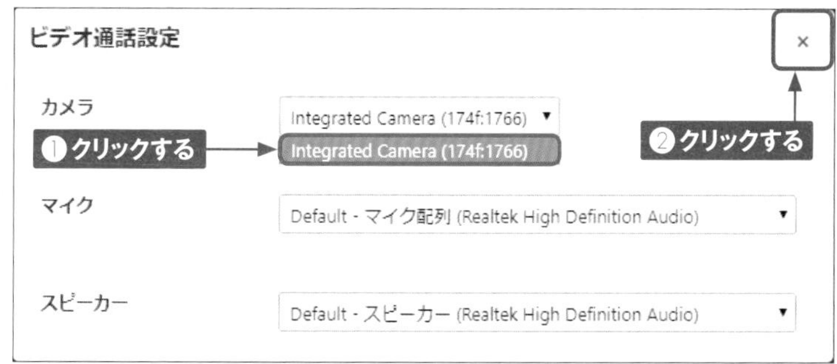

Section 38 音声の設定をする

Chatworkでは音声通話中に、音声のオン／オフができます。自分の音声をオフにすることで、相手の話を集中して聞いたり、3人以上で通話（Sec.72参照）するときに余計な音を挟まないようにしたりすることが可能です。

音声をオン／オフにする

1 音声通話画面で下部にある をクリックし、音声をオフにします。

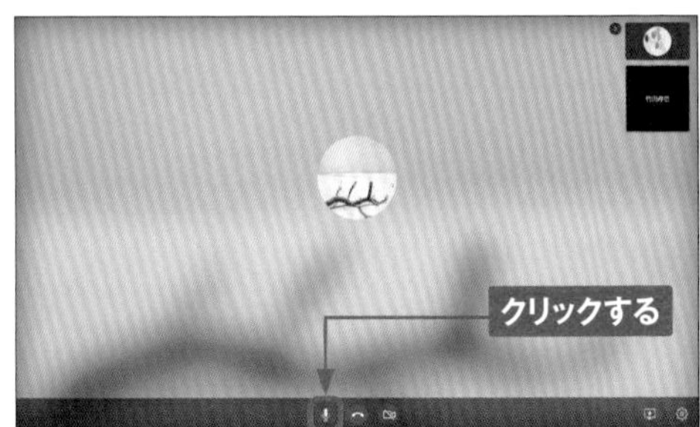

2 音声をオンにするときは、画面下部にある をクリックします。

3 音声がオンに戻ります。

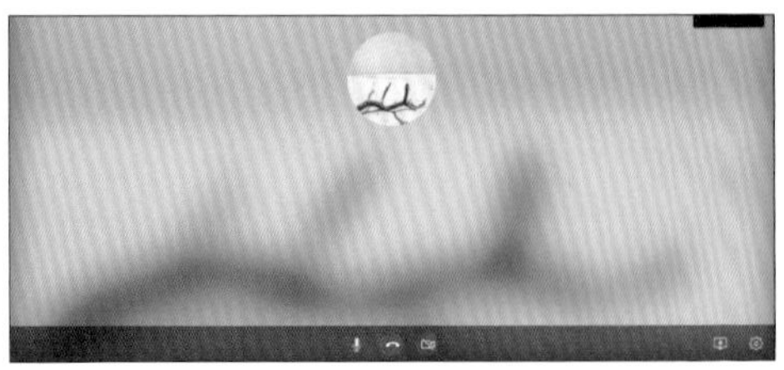

マイク／スピーカーを切り替える

1 マイク／スピーカーの設定を変更するときは、通話画面の右下にある⚙をクリックしします。

2 「マイク」で任意のマイクをクリックします。

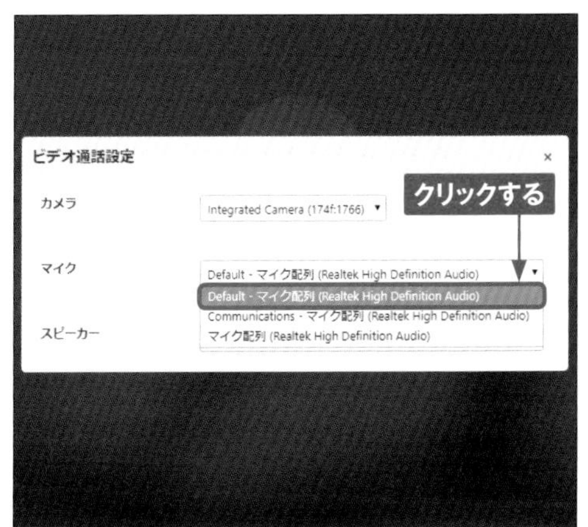

3 「スピーカー」で任意のスピーカーをクリックしたら、×をクリックします。ブラウザ版の場合は、その後、設定を反映するために一度ブラウザを更新します。

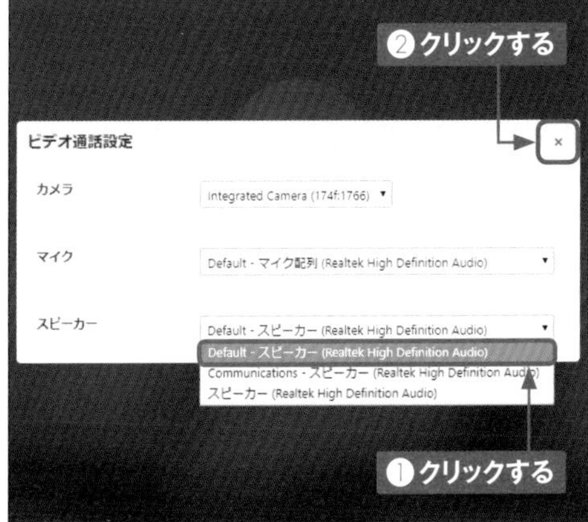

Section 39

参加者リストを非表示にする

Chatwork Liveでは、通話中の画面右端に現在通話に参加しているユーザーのリストが表示されます。ビデオ通話や画面共有のときに、画面をフルに使いたい場合は、参加者リストを非表示にすることが可能です。

参加者リストを非表示にする

1 画面右上の をクリックします。

2 参加者リストが非表示になります。なお、 をクリックすると、参加者リストを表示できます。

第6章

使いやすく設定する

Section 40

デスクトップ版アプリの見た目を変更する

Chatwork全体のテーマを変更することが可能です。「ライト」「ダーク」の2種類のテーマから選択できます。動作設定からいつでも変更できるので、見た目とともに気分を変えながら業務にあたりましょう。

テーマ機能の使い方

1 画面右上の自分のプロフィール写真をクリックし、＜動作設定＞をクリックします。

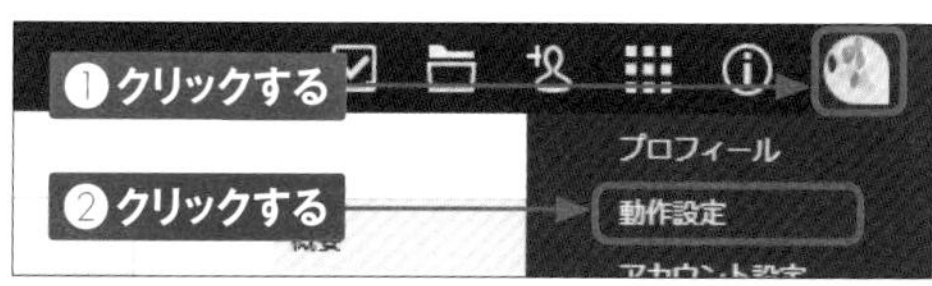

2 ＜表示設定＞をクリックし、「使用するテーマ」で任意のテーマ（ここでは、＜ダーク＞）をクリックします。

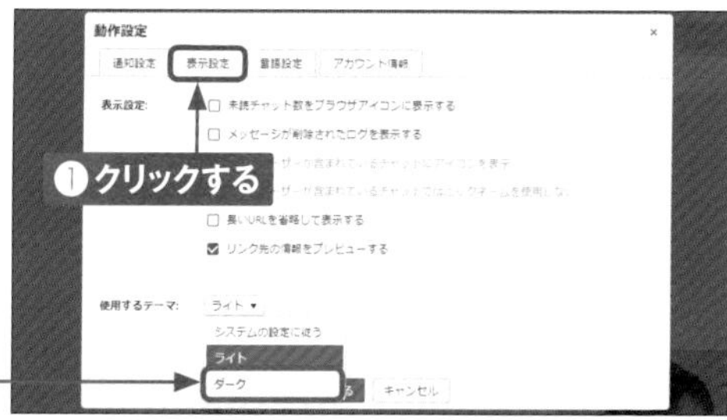

3 ＜保存する＞をクリックします。

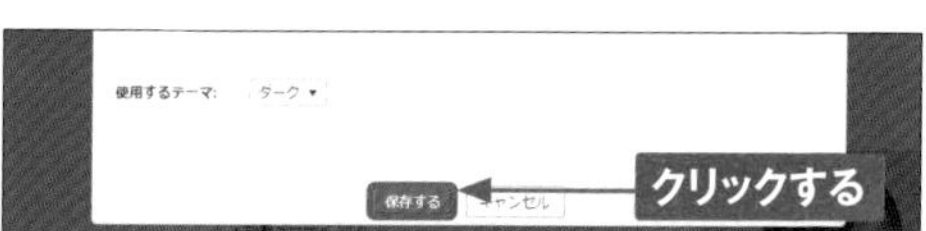

4 テーマが変更されます。

Section 41 未読チャット数をアイコンに表示する

デスクトップ版アプリのChatworkでは未読のチャット数がタスクバーのアイコンに表示されるため、大事なメッセージを読み落とすことがありません。ブラウザ版でもタブのアイコンに表示されるよう設定できます。

未読チャット数をアイコンに表示する

1 P.88手順①を参考に、「動作設定」画面を表示します。<表示設定>をクリックします。

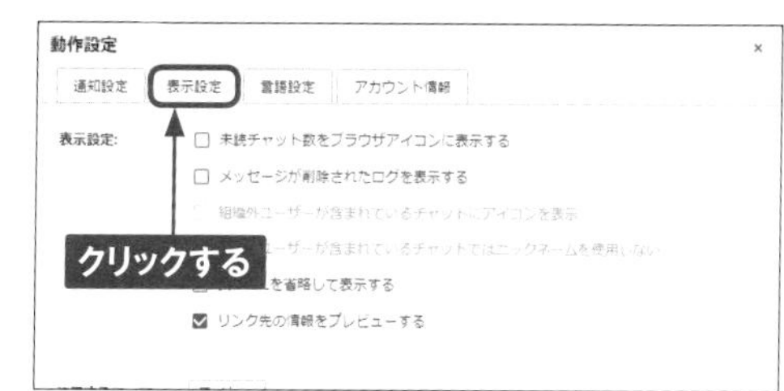

2 「未読チャット数をブラウザアイコンに表示する」のチェックボックスをクリックし、チェックを付けます。<保存する>をクリックします。

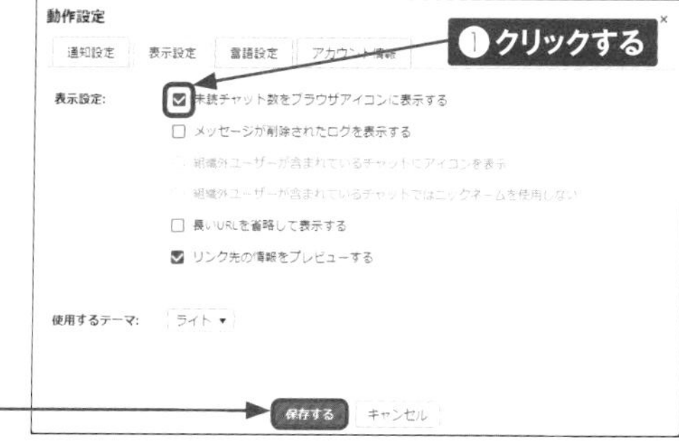

3 ブラウザ版のChatworkのタブのアイコンに、未読チャット数が表示されます。

Section 42

通知設定を変更する

Chatworkからの通知を、自分の好きなように設定することができます。メッセージが届いた場合、通知を表示させたり、通知音を鳴らしたりすることで、チャットの見逃しを防ぐことが可能です。

デスクトップ通知を表示する

1 画面右上の自分のプロフィール写真をクリックし、＜動作設定＞をクリックします。

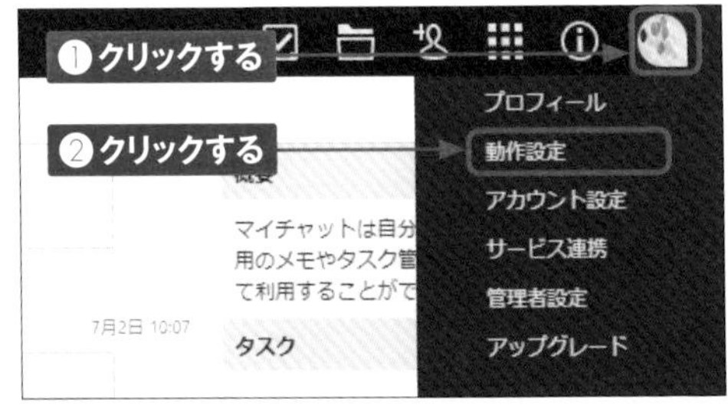

2 「デスクトップ通知を表示する」のチェックボックスをクリックし、チェックを付けます。＜保存する＞をクリックします。

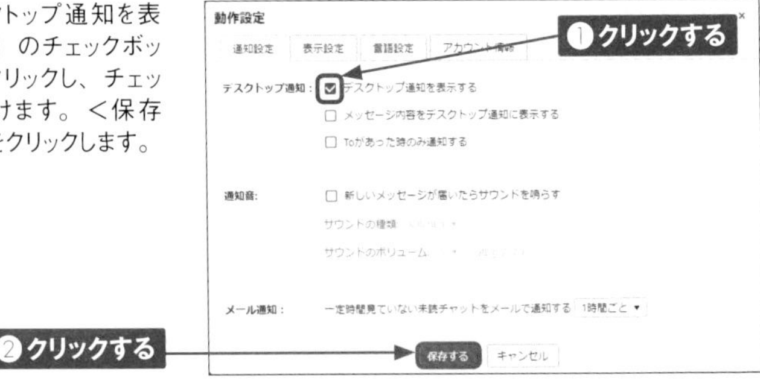

3 相手からメッセージが届くと、デスクトップの画面右下に通知が表示されます。

メッセージ内容をデスクトップ通知に表示する

1 画面右上の自分のプロフィール写真をクリックし、<動作設定>をクリックします。

2 「メッセージ内容をデスクトップ通知に表示する」のチェックボックスをクリックし、チェックを付けます。<保存する>をクリックします。

3 相手からメッセージが届くと、デスクトップの画面右下にメッセージ内容が通知とともに表示されます。

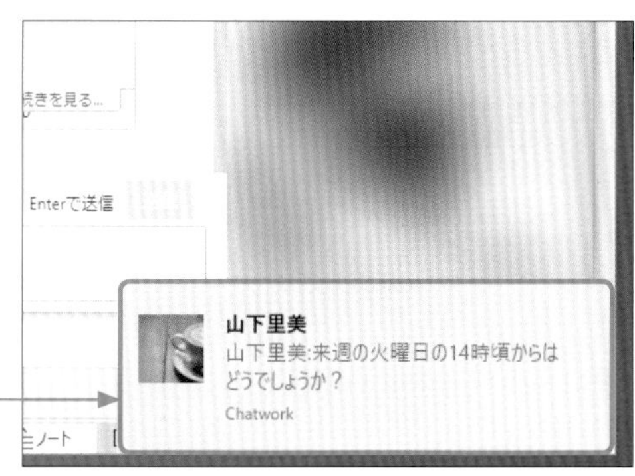

第6章 使いやすく設定する

Toがあったときのみデスクトップ通知に表示する

1 画面右上の自分のプロフィール写真をクリックし、<動作設定>をクリックします。

2 「Toがあった時のみ通知する」のチェックボックスをクリックし、チェックを付けます。<保存する>をクリックします。

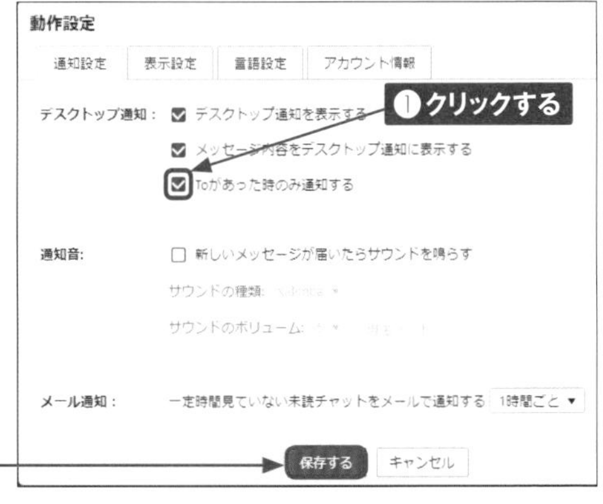

3 相手からToが付いたメッセージ（Sec.54参照）が届くと、デスクトップの画面右下に通知が表示されます。なお、返信のREが付いたメッセージ（Sec.16参照）のときも通知が表示されます。

通知音を設定する

1 P.92手順①を参考に、「動作設定」画面を表示します。「新しいメッセージが届いたらサウンドを鳴らす」のチェックボックスをクリックして、チェックを付けます。

2 「サウンドの種類」で任意の通知音（ここでは、＜Kalimba3＞）をクリックします。

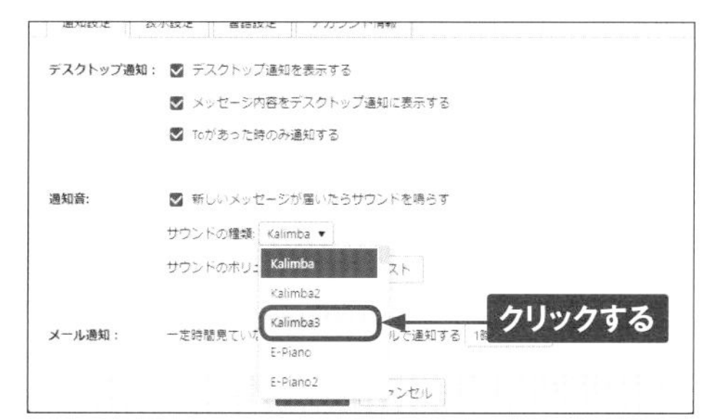

3 「サウンドのボリューム」で任意のボリューム（ここでは、＜5＞）をクリックします。＜再生テスト＞をクリックすると、実際の通知音が流れます。このとき、パソコン本体のミュート設定をオフにしておく必要があります。

4 ＜保存する＞をクリックすると、新しいメッセージが届いたときに通知音が鳴ります。

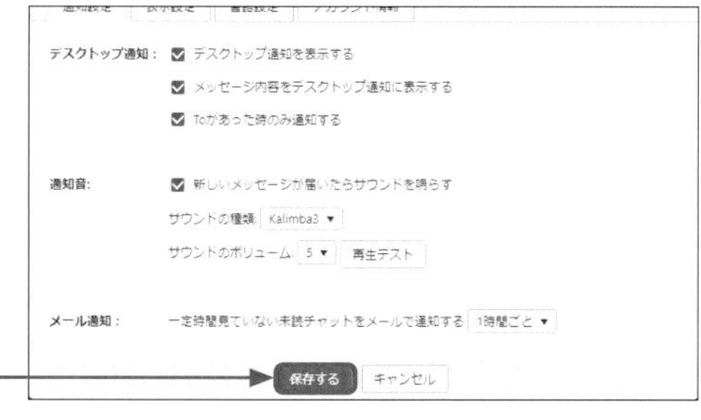

Section 43

複数のアカウントを使い分ける

Chatworkのデスクトップ版アプリを活用すると、複数のアカウントをすばやく切り替えることができます。その場合、最初に登録したメールアドレスとは別のメールアドレスが必要です。アカウントごとにラベルを設定し、効果的に使い分けましょう。

デスクトップ版アプリを活用する

1 画面右上の＋をクリックします。

2 <Chatwork>をクリックします。

3 新しく設定するアカウントのラベル（ここでは、「プライベート」）を入力し、<追加>をクリックします。

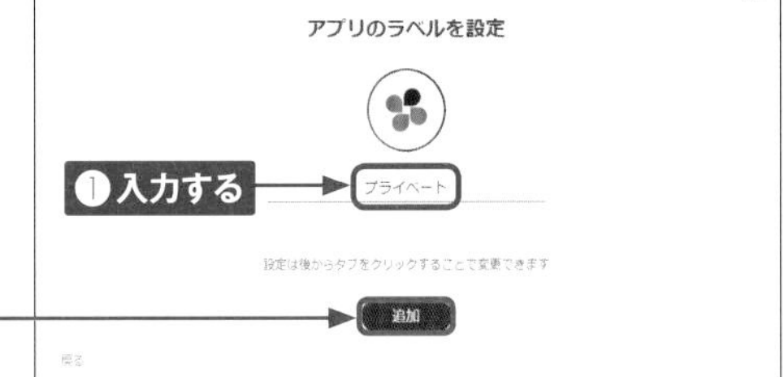

4 別のメールアドレスでアカウントを新規登録します（Sec.08参照）。メールアドレスとパスワードを入力し、<ログイン>をクリックします。

5 別のアカウントの画面が表示されます。

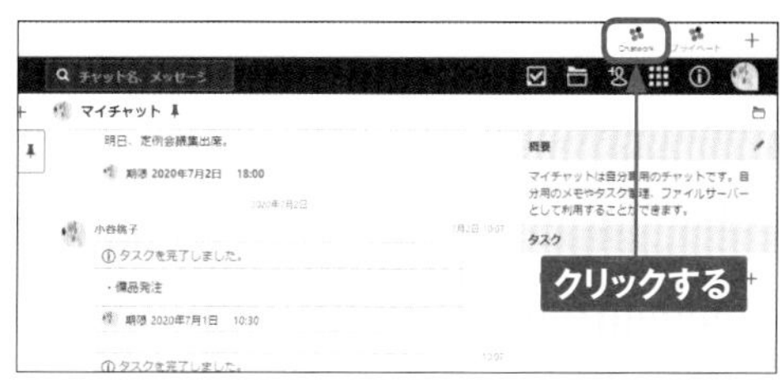

6 画面右上の<Chatwork>をクリックすると、もう1つのアカウントの画面に切り替わります。

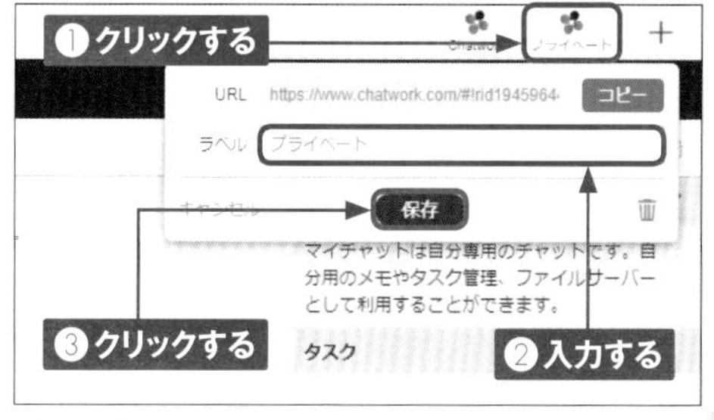

Memo ラベルの編集

画面右上のアカウントのラベル（ここでは、<プライベート>）をクリックすると、ラベルの編集画面が表示されます。「ラベル」に任意のラベル名を入力し、<保存>をクリックするとラベルが編集できます。

Section 44

メッセージにピンを設定する

Chatworkでは、チャットにピン機能を設定することができます。お気に入り専用チャットを作成し、そのチャット全体をピン留めすることで、大切なメッセージを見失わなくなります。

お気に入り専用チャットを作成する

1 Sec.49を参考に、グループチャットの作成画面を表示します。チャット名を入力し、「招待リンク」のチェックボックスをクリックし、チェックを外します。

2 <作成する>をクリックします。

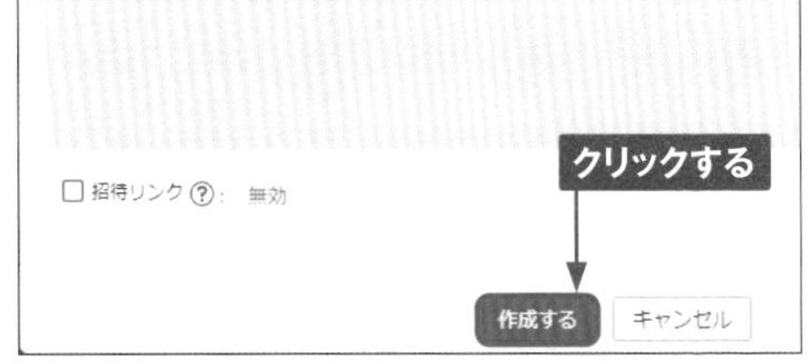

3 お気に入り専用チャットが作成されます。

ピン機能を活用する

1 お気に入りに追加したいメッセージにマウスカーソルを合わせ、＜引用＞をクリックします。引用されたメッセージをコピーします。

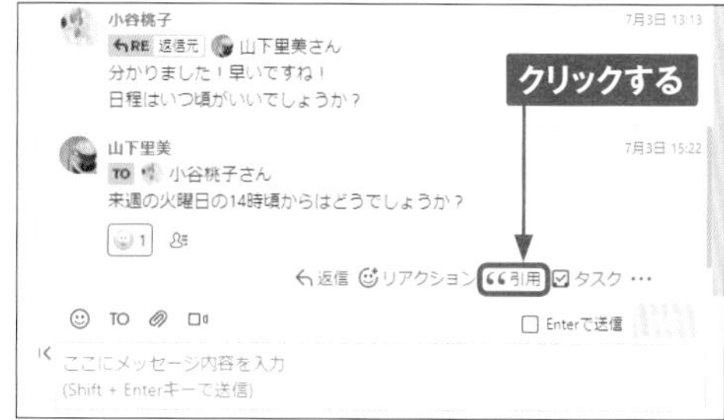

2 お気に入りチャットを表示し、手順①でコピーしたメッセージを貼り付け、＜送信＞をクリックすると、送信されます。

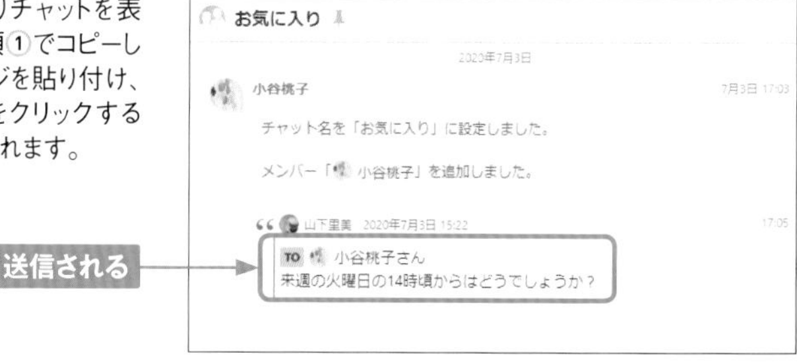

3 チャット一覧の「お気に入り」チャットの右端にマウスカーソルを合わせ、🖈をクリックすると、チャット全体がピン留めされ、チャット一覧の上部に表示されます。ピンを外すには、再度🖈をクリックします。

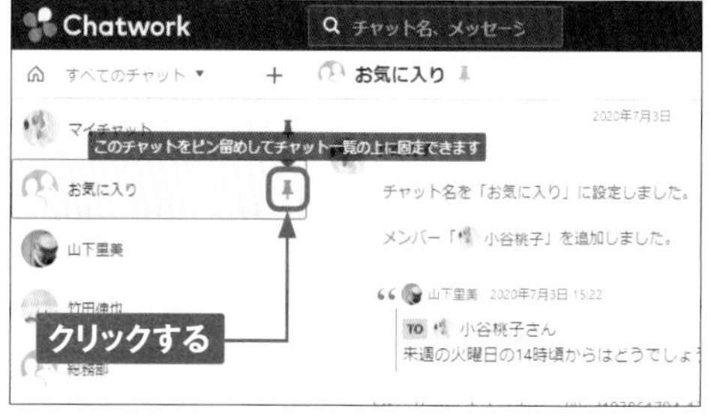

Memo 大切なメッセージを見失わないために

大切なメッセージを見失わないために、「メッセージリンク」をコピーして貼り付ける方法もあります。お気に入りに追加したいメッセージにマウスカーソルを合わせ、＜リンク＞（または…→＜リンク＞）をクリックします。＜未読＞をクリックし、あえて未読にすることで確認漏れを防ぐ方法もあります。

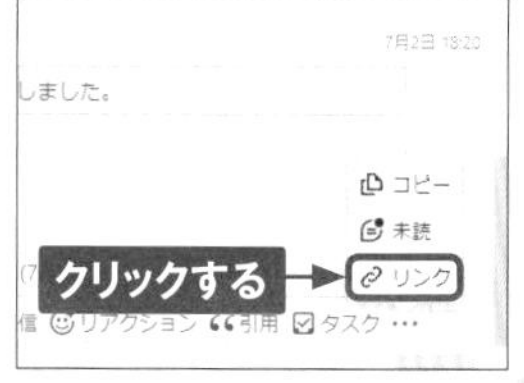

Section 45

2段階認証を設定してセキュリティを強化する

Chatworkアカウントにログインするとき、パスワードだけでは不安という場合は、2段階認証の設定をしましょう。2段階認証の設定を行うことで、ログインするときに認証コードが必要になり、よりセキュリティを強化できます。

2段階認証を設定する

1 画面右上の自分のプロフィール写真をクリックし、＜アカウント設定＞をクリックします。

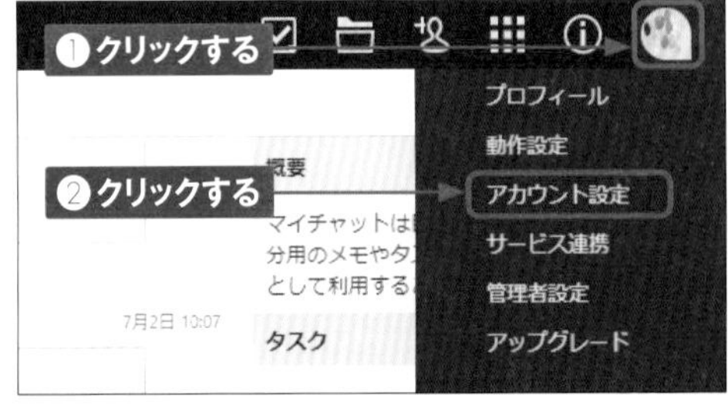

2 ブラウザが開いて「ユーザー情報」画面が表示されます。画面左端の＜2段階認証＞をクリックします。

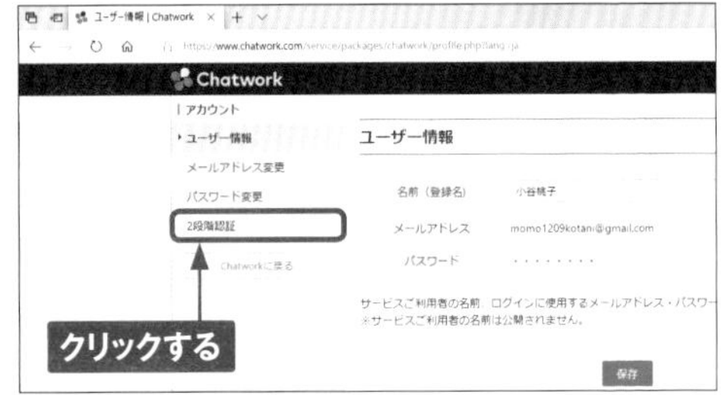

3 ＜OFF＞をクリックします。

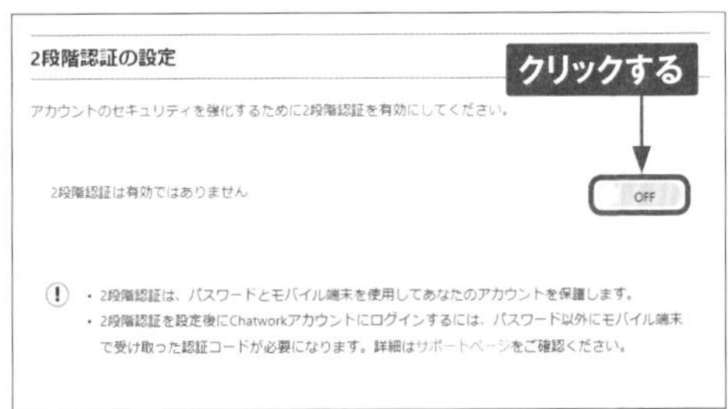

4 Chatworkのパスワードを入力し、<次へ>をクリックします。

5 説明に従って、「Google Authenticator」アプリをスマートフォンにインストールします。

6 アプリをインストールしたスマートフォン(ここでは、iPhone)で「Google Authenticator」アプリのアイコンをタップし、起動します。<設定を開始>→<バーコードをスキャン>の順にタップし、パソコン画面のQRコードを読み取ります。

7 6ケタの確認コードが表示されます。

8 P.99手順⑦で表示された確認コードを確認画面に入力し、<認証>をクリックします。

❸ 認証アプリに表示されている6桁の認証コードを入力

866569　認証

❶入力する

❷クリックする

9 「バックアップコード」が表示されます。ここでは、<バックアップコードをコピー>をクリックします。

バックアップコード

認証デバイスにアクセスできなくなった場合は、これらのバックアップコードの1つを使用してChatworkにログインできます。各コードは1度しか利用できません。これらのコードのコピーを安全な場所に保管してください。

ohucondb	w45lw1o2
w59mnuck	gxxgxfa1
l4pujpop	3obel372
42kckbj0	j2ljlp95
h1xqldjg	1b0d4gnt

バックアップコードを印刷　バックアップコードをコピー

2段階認証を有効にする

表示される

クリックする

10 <2段階認証を有効にする>をクリックします。

11 2段階認証が有効になります。

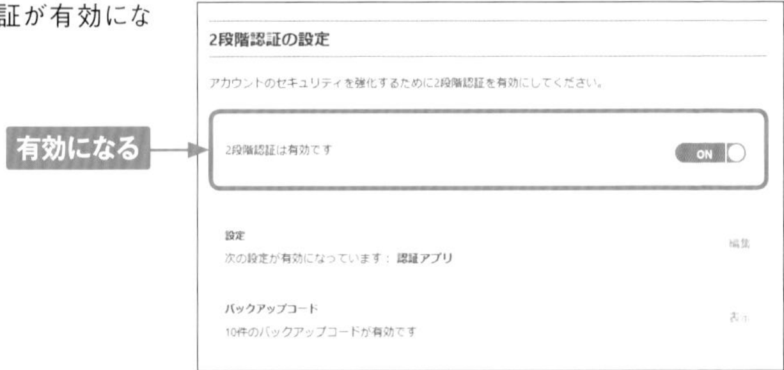

第6章 使いやすく設定する

Section 46 Gmailと連携する

ChatworkとGmailを連携させることで、Gmailに届いたメールをChatworkに通知することができます。なお、この連携は有料版のGmail（G Suite）を利用しているユーザーのみ有効となっているので、事前に登録が必要です。

受信したメールをチャットに通知する

1. ブラウザでZapierのサイト（https://zapier.com/app/zaps）にアクセスします。<Googleで続行>をクリックし、任意のGoogleアカウントでログインします。

あなたのアカウントにログイン
クリックする
ビジネスを拡大する準備はできましたか？
Zapsやアプリ接続の共有、一元化されたログインなどにより、チームと簡単に共同作業できます
Googleで続行
Facebookで続行

2. ⊞にマウスカーソルを合わせ、<MAKE A ZAP>をクリックします。

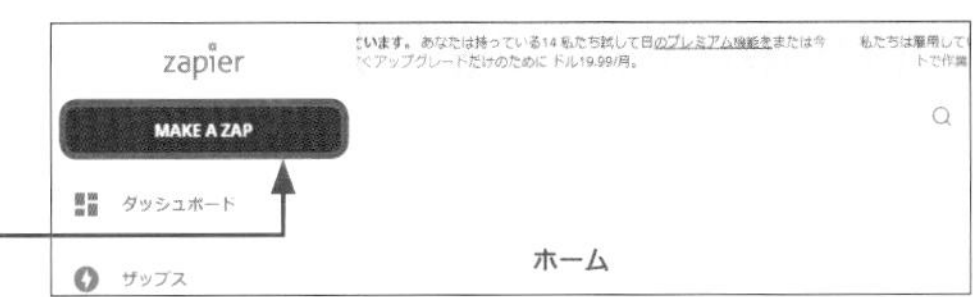

3. 連携するアプリ（ここでは、<Gmail>）をクリックし、イベント（ここでは、<New Email>）をクリックして選択します。

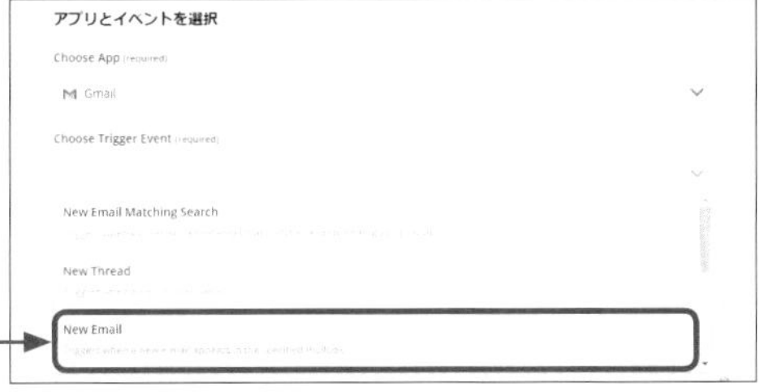

4. <CONTINUE>をクリックします。

5 ＜Sign in to Gmail＞をクリックし、Gmailのログイン認証を行います。ZapierからGoogleアカウントへのアクセスリクエスト画面が表示されるので、＜許可＞をクリックします。

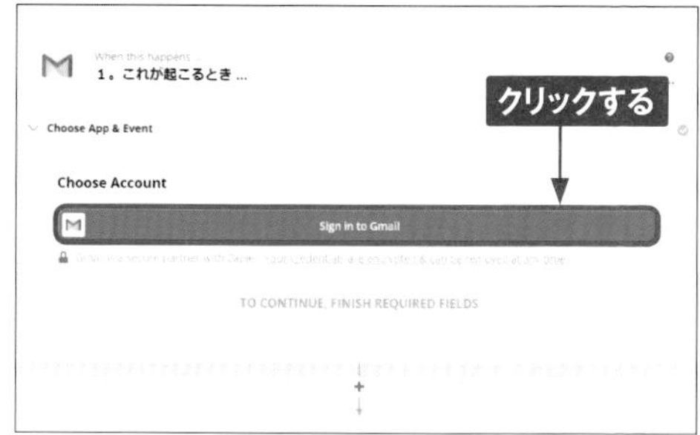

6 追加されたアカウントを確認して、＜CONTINUE＞をクリックします。

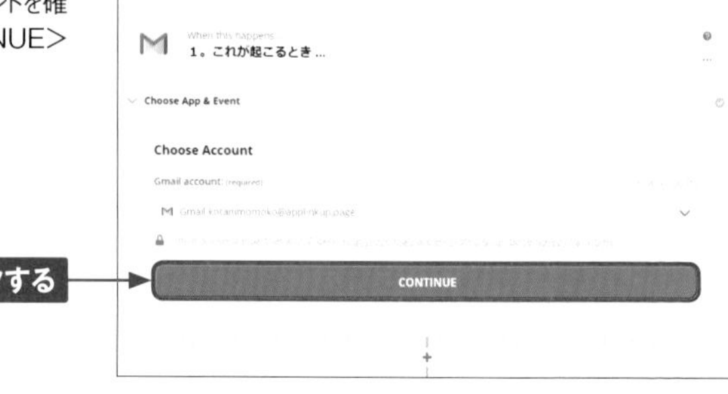

7 「Label ／ Mailbox」から任意の設定項目（ここでは、＜Inbox and All Labels＞）をクリックし、＜CONTINUE＞をクリックします。

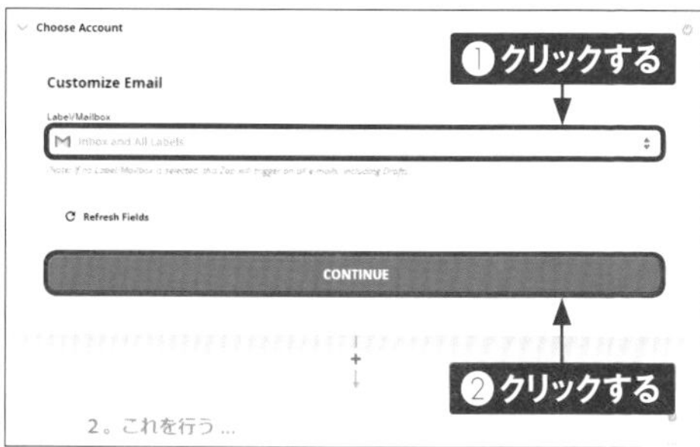

8 ＜Test trigger＞をクリックします。

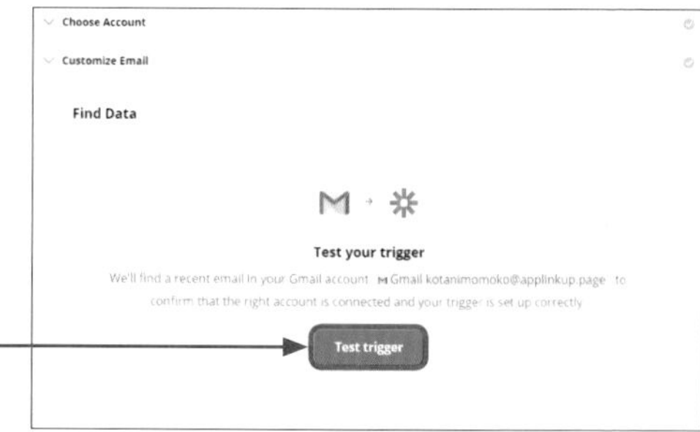

9 作成しているZap（連携システム）をテストするときのサンプルデータ（ここでは、＜Email A＞）をクリックし、＜CONTINUE＞をクリックします。

10 「Choose App & Event」の検索ボックスに「chatwork」と入力し、＜Chatwork＞をクリックします。

11 「Choose Action Event」から任意の設定項目（ここでは、＜Send Message＞）をクリックします。

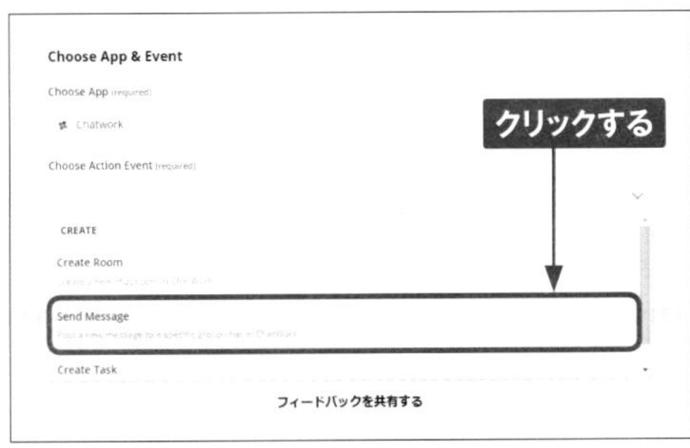

12 ＜Sign in to Chatwork＞をクリックし、Chatworkのアカウントの認証を行います。

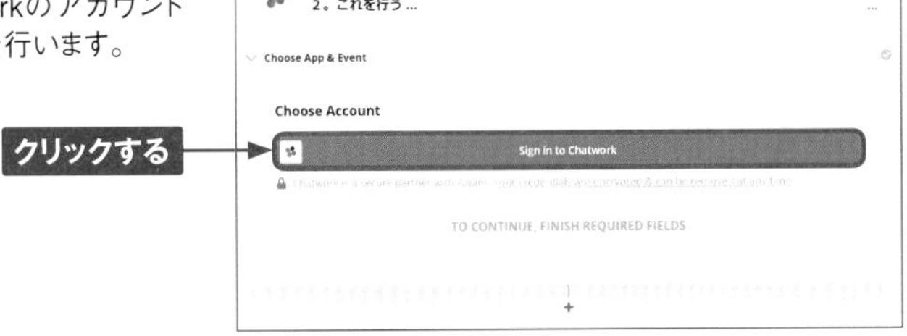

13 Chatworkの認証画面にAPIトークン（Sec.69参照）を入力し、<Yes, Continue>をクリックします。

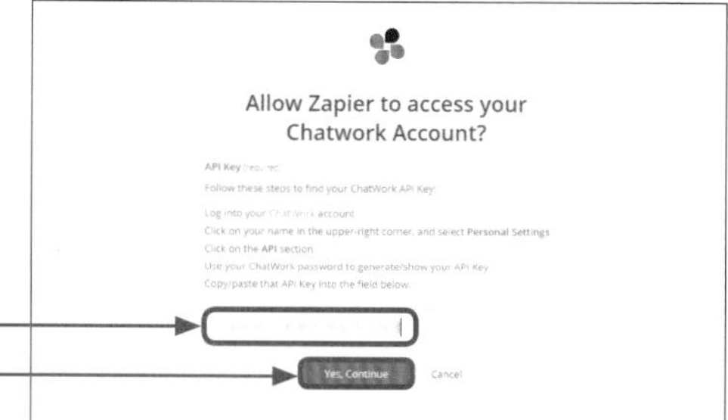

14 追加されたアカウントを確認して、<CONTINUE>をクリックします。

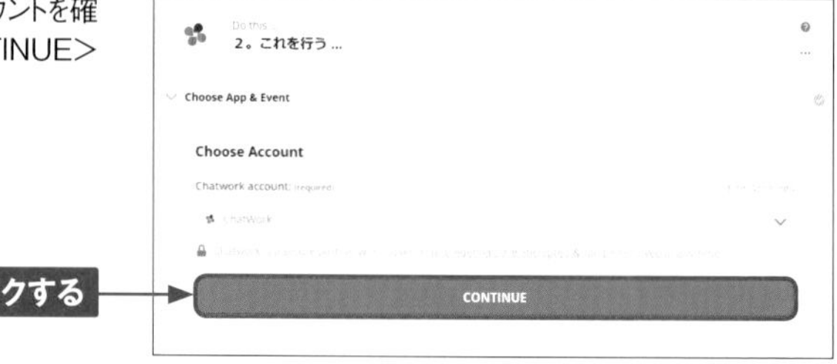

15 「Customize Message」から任意の設定項目（ここでは、<マイチャット>）をクリックします。「Text」でも任意の設定項目（ここでは、<Body Plain>）をクリックします。<CONTINUE>をクリックします。

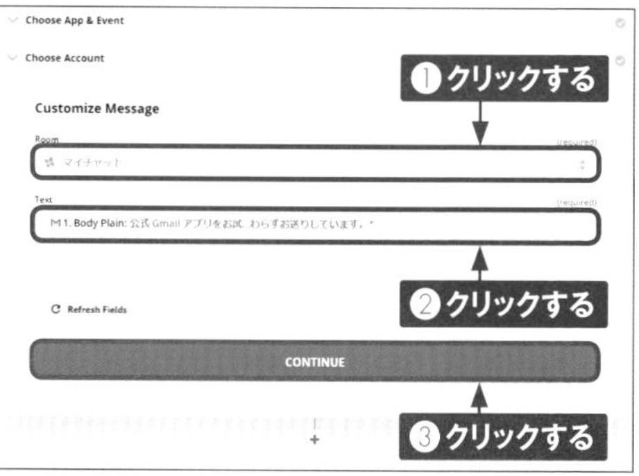

16 <TEST&CONTINUE>をクリックし、画面右上の<OFF>をクリックしてオンにします。

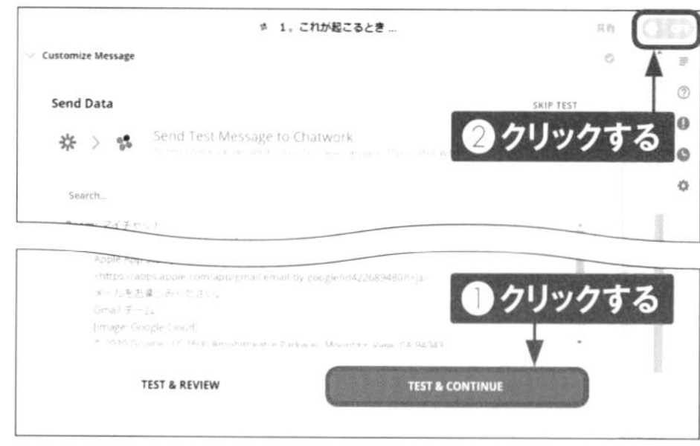

Section 47 Googleカレンダーと連携する

ChatworkとGoogleカレンダーの連携により、予定開始前や新しい予定が追加されたときにChatworkへ通知が届くようにすることができます。ここでは、Zapierで設定を行う方法を解説しています。

カレンダーの予定をチャットに通知する

1 P.101手順①を参考に、Zapierのサイトにアクセスし、任意のアカウントでログインします。+にマウスカーソルを合わせ、<MAKE A ZAP>をクリックします。

zapier
MAKE A ZAP
クリックする
ダッシュボード
ザップス
私のアプリ
ホーム

2 連携するアプリ（ここでは、<Google Calendar>）をクリックします。イベント（ここでは、<Event Start>）をクリックして選択し、<CONTINUE>をクリックします。

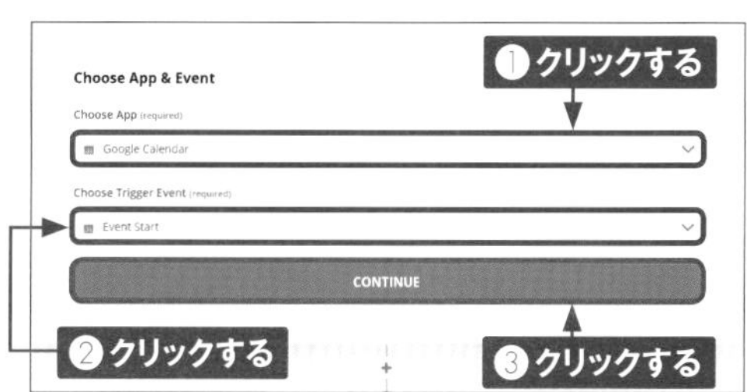

3 <Sign in to Google Calendar>→<許可>の順にクリックします。<CONTINUE>をクリックします。

Choose Account
Sign in to Google Calendar
TO CONTINUE, FINISH REQUIRED FIELDS
クリックする

4 任意のカレンダーをクリックして選択し、<CONTINUE>をクリックします。

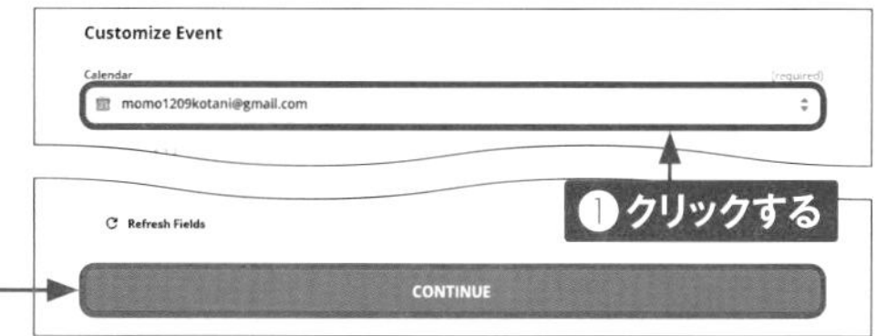

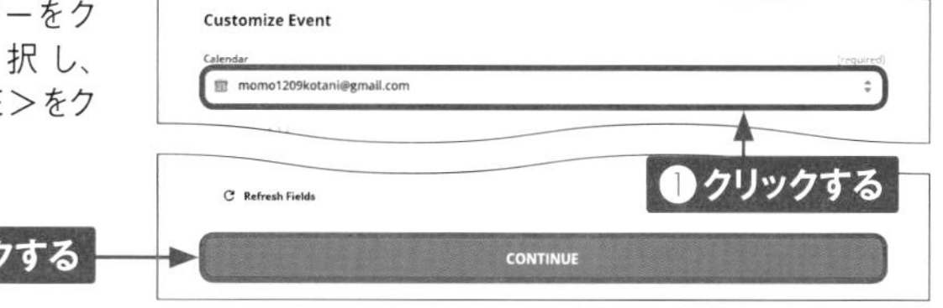

第6章 使いやすく設定する

5 ＜Test trigger＞をクリックします。

6 P.103手順⑨～P.104手順⑬を参考に、Chatworkのアカウントを設定します。＜CONTINUE＞をクリックします。

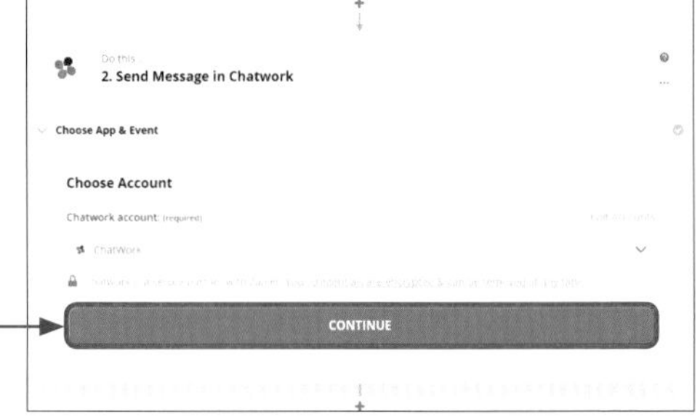

7 P.104手順⑮を参考に、設定項目を選択し、＜TEST&CONTINUE＞をクリックします。

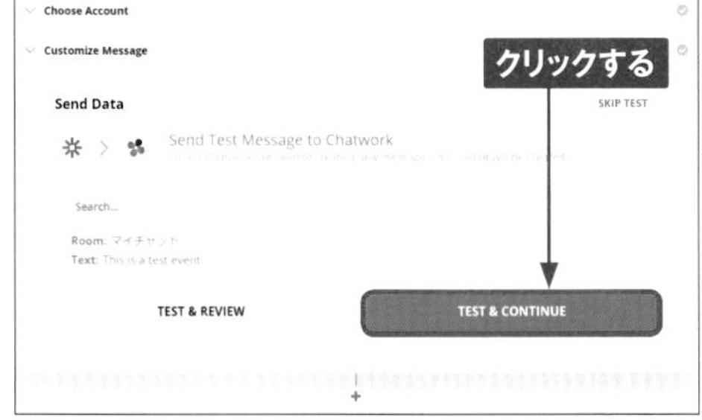

8 画面下部の＜OFF＞をクリックして、オンにします。

第6章 使いやすく設定する

第7章

グループチャットで複数人と会話する

Section 48

グループチャットとは

Chatworkには、グループチャットという機能があります。複数の人が参加できるチャットのことで、誰かが投稿したメッセージやファイルなどを、グループに参加している人は全員共有することができます。大勢に情報を伝えたいときはとても便利です。

グループチャットとは

グループチャットとは、Chatwork内で複数のユーザーとチャットを行うことができる機能です。Chatworkユーザーならば誰でもグループチャットを作ることができます。作成されたグループチャットは画面左側のチャット一覧に表示されます。コンタクトに追加している人をグループチャットに追加したり、リンクを作成して招待したりすることで参加メンバーを増やすことができます。なお、フリープランでは、14個までグループチャットに参加でき、有料プランでは無制限でグループチャットに参加することが可能です。

すべてのチャット ▼ ＋ 総務部
マイチャット
お気に入り
Aプロジェクト進捗管理
第二管理部
竹田伸也
斉藤花子
山下里美
総務部

・プロジェクターの準備
期限 2020年7月3日 11:00
小谷桃子 7月1日 14:54
ⓘ タスクを編集しました。
・次回会議の会場手配
・プロジェクターの準備
期限 2020年7月1日 15:30
14:55
ⓘ タスクを編集しました。
・次回会議の会場手配
・プロジェクターの準備
期限 2020年7月3日 11:00
2020年7月2日
小谷桃子 7月2日 10:07
ⓘ タスクを完了しました。
・次回会議の会場手配
・プロジェクターの準備
期限 2020年7月3日 11:00 続きを見る...

グループチャットでできること

●グループチャットの作成

グループチャットを新規作成

チャット名：

第二管理部

変更

概要：

このチャットの説明やメモ、関連するリンクな

メンバー名を検索

グループチャットを新規作成するときは、「チャット名」「チャットアイコン」「概要」「メンバー」「権限」「招待リンク」を設定することができます。また、管理者は設定の変更も行えます。

●グループチャットの招待

招待リンク？： https://www.chatwork.com/g/3wkjnoitpgr3mw

参加には管理者の承認が必要

作成したグループチャットにメンバーを招待することができます。招待リンクを作成し、招待したい人に共有することでグループチャットに参加してもらうことが可能です。

●グループチャットにメンバーを追加する

小谷桃子

チャット名を「Aプロジェクト進捗管理」に設定しました。

メンバー「小谷桃子, 山下里美, 斉藤花子」を追加しました。

グループチャットの管理者は、メンバーをグループチャットに追加することができます。なお、追加できるのはコンタクトに追加されている人のみです。

●グループ内の特定の相手にメッセージを送る

竹田伸也

TO 小谷桃子さん

TO 山下里美さん

では、来週火曜日の午前中にミーティングを行います。

よろしくお願いします。

2

複数の人が一度に閲覧することのできるグループチャットですが、グループ内の特定の相手にだけメッセージを送ることも可能です。

Section 49

グループチャットを作成する

Chatworkでグループを作成すると、グループに参加するメンバーだけでコミュニケーションをとることができます。職場の部署や携わっている案件などグループごとにチャットを作成することで、情報伝達をスムーズに行えます。

グループチャットを作成する

1 チャット一覧の画面上部にある＋をクリックします。

クリックする

すべてのチャット ▼ ＋ マイチャット
マイチャット
お気に入り
斉藤花子
山下里美
小谷桃子
公式 Gmail アプリをお
[image: Gmail]
公式 Gmail アプリをお
applinkup.page メール
アプリがインストール
用を開始するには、ア
デバイスで gmail.com

2 ＜グループチャットを新規作成＞をクリックします。

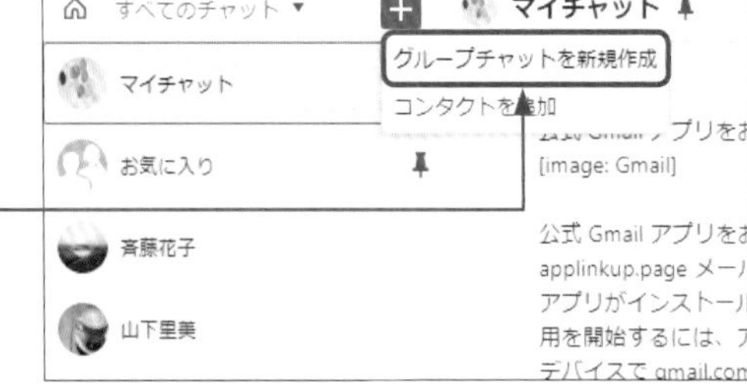

クリックする

3 チャット名（ここでは、「第二管理部」）を入力します。

入力する

グループチャットを新規作成

チャット名：
第二管理部
概要：
このチャットの説明やメモ、関連するリンクなどを記

第7章 グループチャットで複数人と会話する

4 グループチャットのアイコンを設定するときは＜変更＞→＜アイコンを選択する＞の順にクリックします。任意のアイコンをクリックすると、変更が反映されます。なお＜アップロードする＞をクリックして、任意の画像を設定することも可能です。

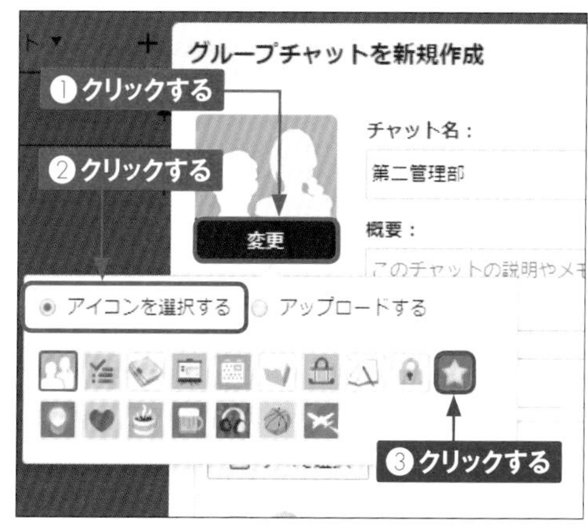

5 グループチャットに招待するメンバーをクリックします。選択したあと、右横に表示される＜メンバー＞をクリックすると、権限を「管理者」「メンバー」「閲覧のみ」の中から設定できます。

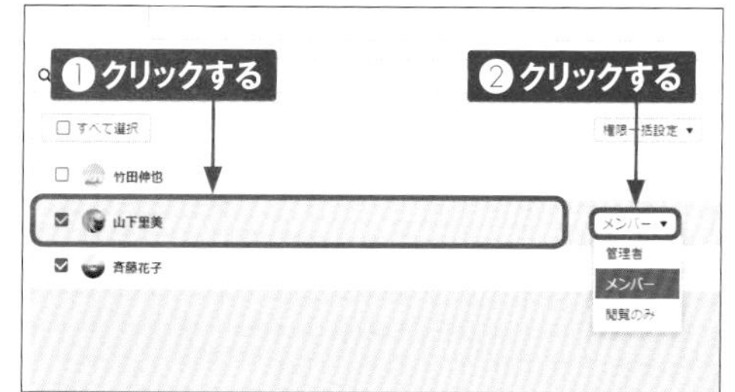

6 ＜作成する＞をクリックします。なお、必要に応じて「招待リンク」（Sec.50参照）の設定を行います。

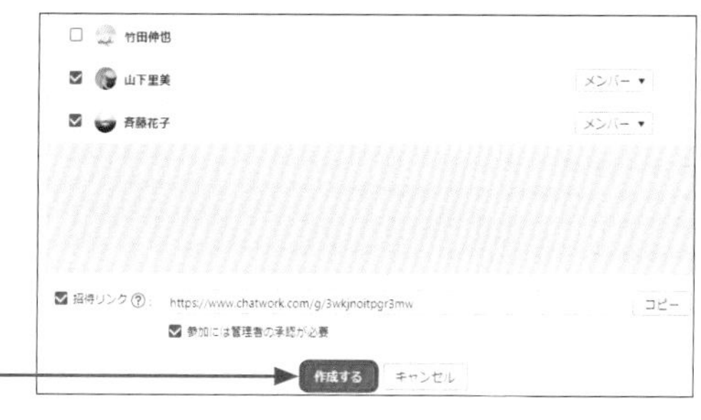

7 グループチャットが作成されます。

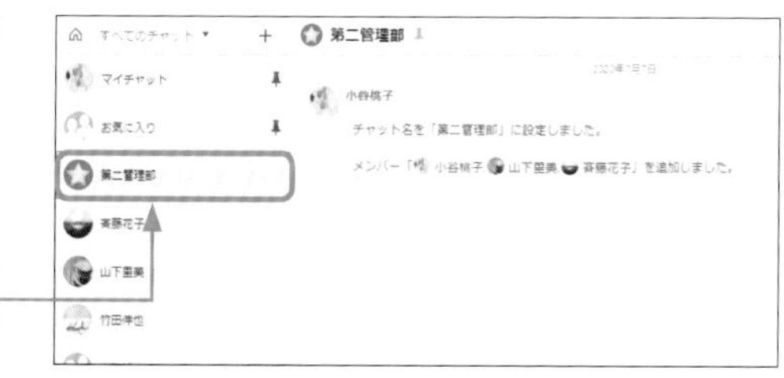

グループチャットの設定を変更する

1 チャット一覧から、設定を変更したいグループチャットをクリックします。

クリックする

2 画面右上の⚙をクリックします。

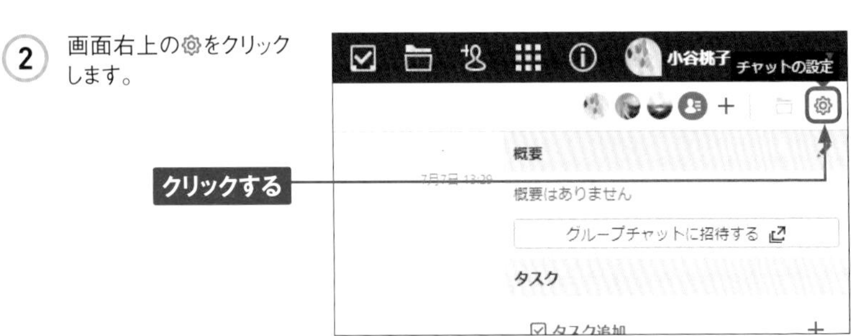

3 ＜グループチャットの設定＞をクリックします。

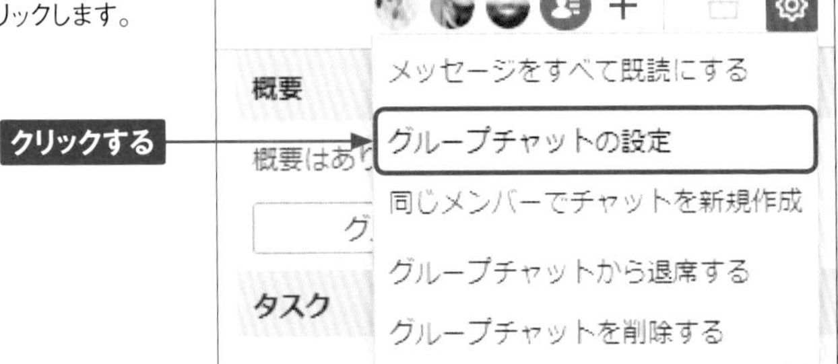

4 グループチャットの設定変更画面が表示されます。

● グループチャットをミュートにする

1 P.112手順④の画面で、<ミュート>をクリックします。

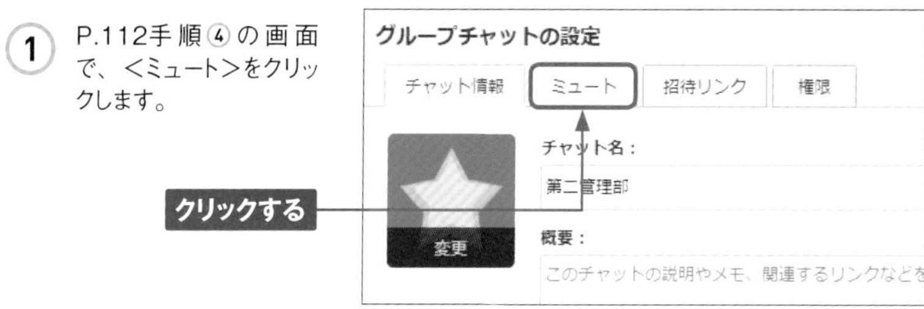

2 「グループチャットをミュート」のチェックボックスをクリックして、チェックを付けます。<保存する>をクリックすると、変更が保存されます。

グループチャットの設定
チャット情報　ミュート　招待リンク　権限
ミュート ⓘ：グループチャットをミュート
ミュートをオンにするとメッセージを未読として表示しません。
自分宛てのメッセージに限り、未読として表示します。
ミュートにしたチャットはカテゴリ内の「ミュート中のチャット」から
①クリックする
②クリックする
保存する　キャンセル

● グループチャットの権限を設定する

1 P.112手順④の画面で、<権限>をクリックします。

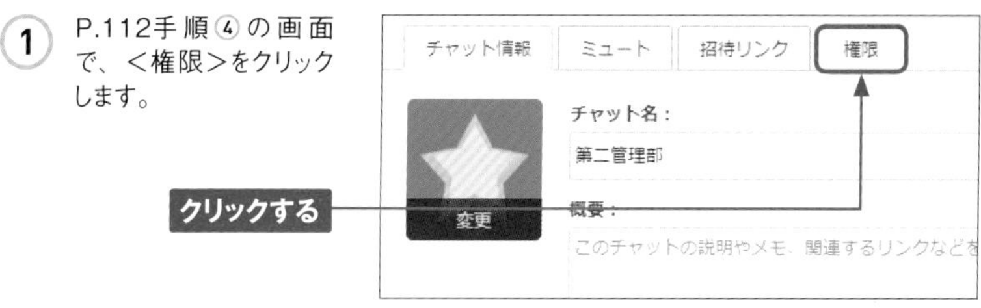

2 任意の項目のチェックボックスをクリックし、チェックを外します。<保存する>をクリックすると、変更が保存されます。

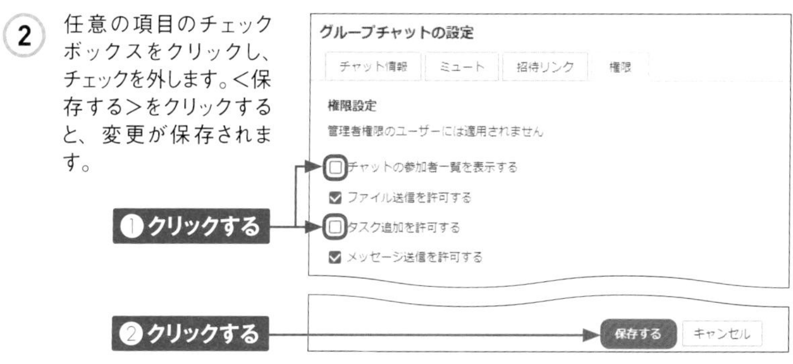

Section 50

グループチャットに招待する

グループチャットを作成したら、招待したい人にメールなどで招待リンクを伝えてみましょう。招待リンクを伝えることで、相手はかんたんにグループチャットのメンバーになることができます。招待リンクの作成は、グループチャットの設定から可能です。

招待リンクを作成する

1 チャット一覧から、招待リンクを作成したいグループチャットをクリックし、画面右上の＋をクリックします。

①クリックする

②クリックする

2 「招待リンク」のチェックボックスをクリックし、チェックを付けると招待リンクが作成されます。なお、✎をクリックすると、任意のリンクを設定することが可能です。「参加には管理者の承認が必要」のチェックボックスをクリックしてチェックを外すとグループチャットの管理者の承認なしで参加できます。

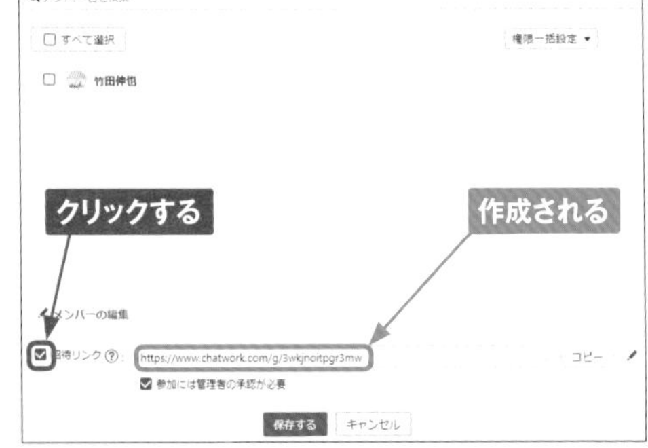

3 ＜保存する＞をクリックします。

4 画面右上の＜グループチャットに招待する＞をクリックします。

5 ＜コピー＞をクリックして招待リンクをコピーします。招待したい人にメールなどで招待リンクを伝えることで招待できます。なお、P.114手順②の画面で＜コピー＞をクリックすることでも招待リンクをコピーできます。

招待したい人にリンクを共有してください
グループチャットに招待したい人に以下のリンク（URL）を伝えることで、
簡単にグループチャットのメンバーに追加することができます。
https://www.chatwork.com/g/3wkjnoitpgr3mw
コピー
Chatworkアカウントを持っていない方もこのリンクから登録可能です
クリックする

Memo アカウントを持ってない人も招待できる

Chatworkのアカウントを持っていない人やコンタクトに追加していない人も、招待リンクからであればグループチャットへ参加してもらうことができます。アカウントを持っていない人は、アカウントを登録することでグループチャットへ参加できます。

招待に応える

1 招待リンクをメールで受信したら、そのメールをクリックします。

2 招待リンクをクリックします。

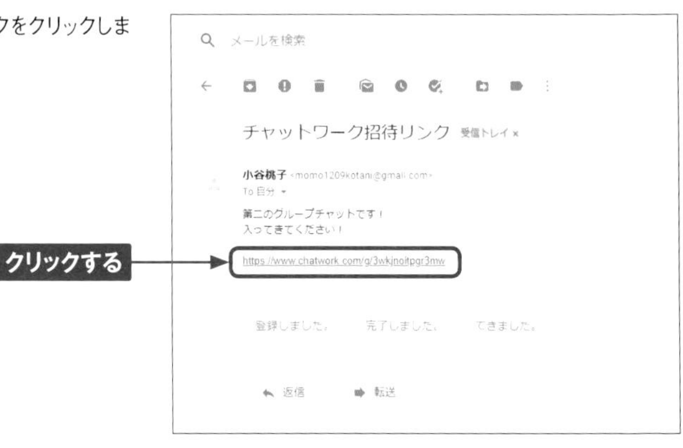

3 共有された招待リンクを開くと、ブラウザが起動します。アカウントを持っている場合は、<ログイン>をクリックします。持っていない場合は、<今すぐ無料で利用する>をクリックします。

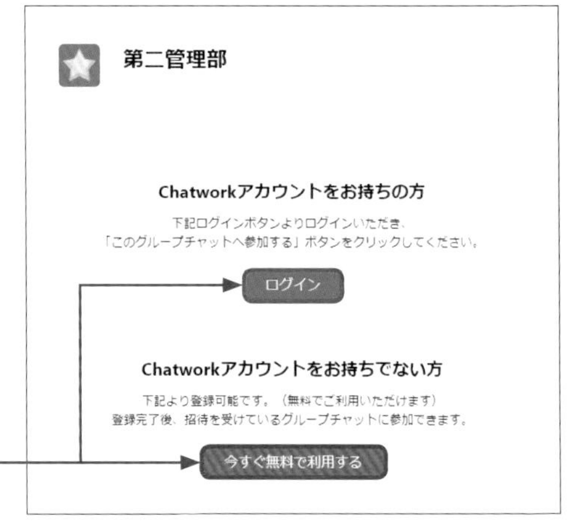

グループチャットへの参加を承認する

1 招待した人から承認依頼が届くと、チャット一覧のグループチャットに「参加承認待ちのメンバーがいます（○件）」と表示されます。なお、件数は承認依頼の数を示しています。グループチャットをクリックします。

2 画面右上の<参加承認待ちのメンバーがいます>をクリックします。

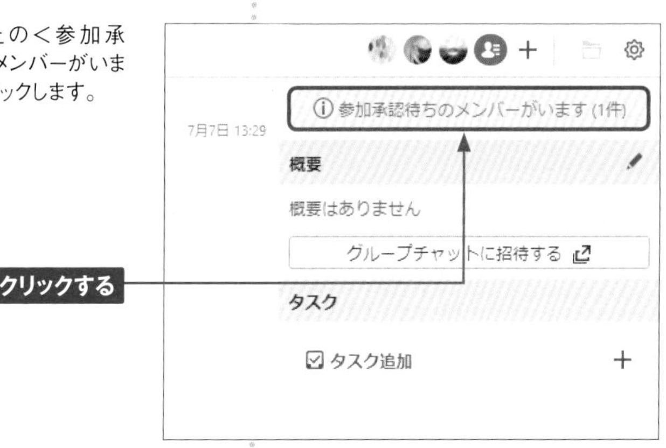

3 <メンバー>をクリックして権限を設定し、<承認する>をクリックします。

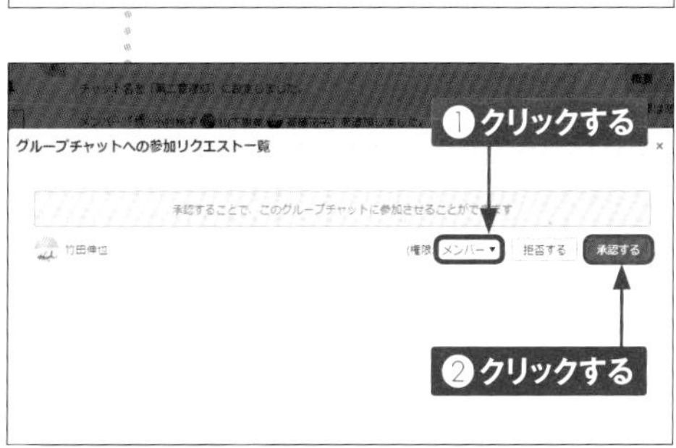

第7章 グループチャットで複数人と会話する

Section 51

グループチャットにメンバーを追加する

グループチャットを作成した管理者は、グループチャットにあとからメンバーを追加することができます。メンバーを追加するときに、権限の設定もいっしょに行います。なお、追加できるのは管理者のコンタクトに追加されている人のみです。

メンバーを追加する

1 メンバーを追加したいグループチャットを開きます。画面右上の＋をクリックします。

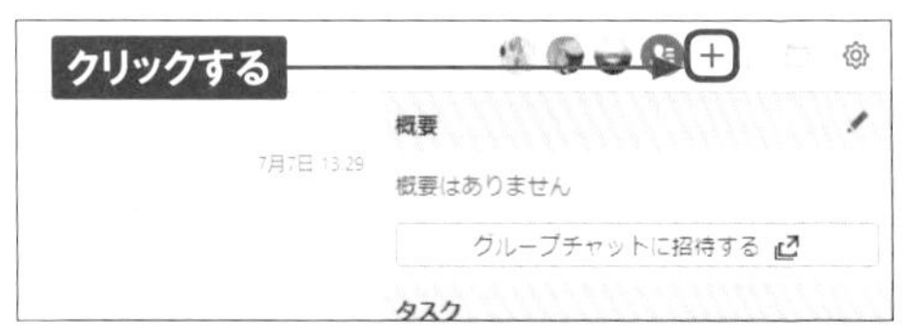

2 追加するメンバー（ここでは、＜竹田伸也＞）をクリックします。＜メンバー＞をクリックし、権限を設定します。

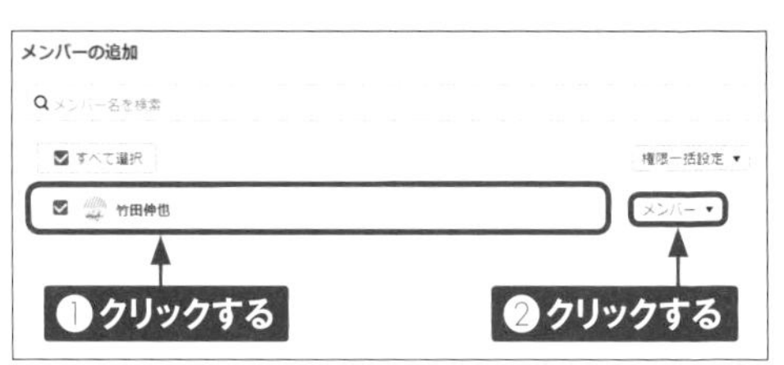

3 ＜保存する＞をクリックすると、グループチャットにメンバーが追加されます。

Memo メンバーの編集

グループチャットの管理者は参加メンバーの編集をすることができます。手順②の画面で＜メンバーの編集＞をクリックします。名前の右横にある権限名をクリックすると権限が変更でき、×をクリックするとメンバーを削除できます。編集が完了したら、＜保存する＞をクリックします。

Section 52 同じメンバーでグループチャットを新規作成する

グループチャットを作成するときに、既存のグループチャットから同じメンバーを追加して作成することができます。なお、この操作ができるのは既存のグループチャットの管理者のみです。

同じメンバーでグループチャットを新規作成する

1 グループチャットを開き、画面右上の⚙をクリックします。

クリックする

2 ＜同じメンバーでチャットを新規作成＞をクリックします。

3 同じメンバーが自動的に追加されたグループチャット作成画面が表示されます。P.110手順③～P.111手順⑤を参考に、任意の項目を設定して、＜作成する＞をクリックします。

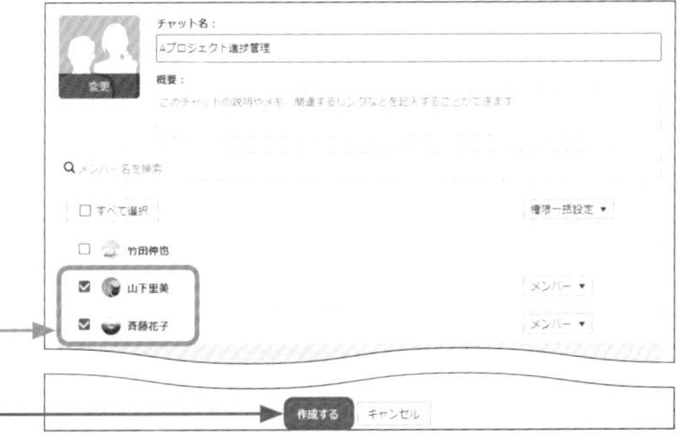

Section 53

グループチャットをカテゴリに分ける

Chatworkでは、画面左側のチャット一覧に表示するチャットを、カテゴリごとに分けることができます。チャット数が増えてきたら、カテゴリを作成し、分類しておくと、チャットを探す手間を省くことができます。

グループチャットをカテゴリに分ける

1 チャット一覧の上にある＜すべてのチャット＞をクリックします。

2 ＋をクリックします。

すべてのチャット ▼
すべてのチャット
未読があるチャット
Toがあるチャット
タスクがあるチャット
下書きがあるチャット (1)
カテゴリ
ダイレクトチャット
グループチャット
ミュート中のチャット
山下里美
クリックする

3 カテゴリに追加したいグループチャットのチェックボックスをクリックし、チェックを付けます。カテゴリ名（ここでは、「会社グループ」）を入力し、＜作成する＞をクリックします。

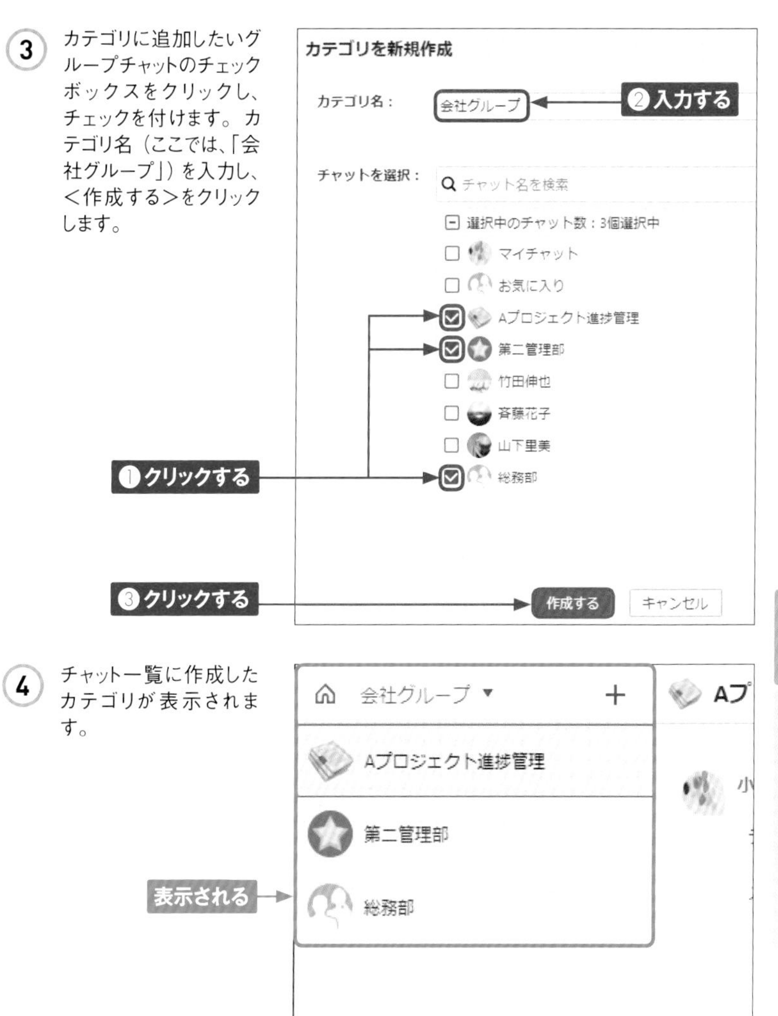

4 チャット一覧に作成したカテゴリが表示されます。

Memo カテゴリについて

グループチャットだけではなく、個人同士のチャット（ダイレクトチャット）についても同じようにカテゴリごとに分けて、作成することができます。作成されたカテゴリは、チャットの種類に関係なく表示されます。

Section 54
グループ内の特定の相手にメッセージを送る

グループチャットでは、参加しているメンバーの中から選択して、特定の相手にメッセージ（To指名されたメッセージ）を送ることができます。通知が届くのも、その相手だけです。なお、特定の相手を複数選択することも可能です。

グループチャットの参加メンバーに送る

1 グループチャットを開き、画面下部の<TO>をクリックします。

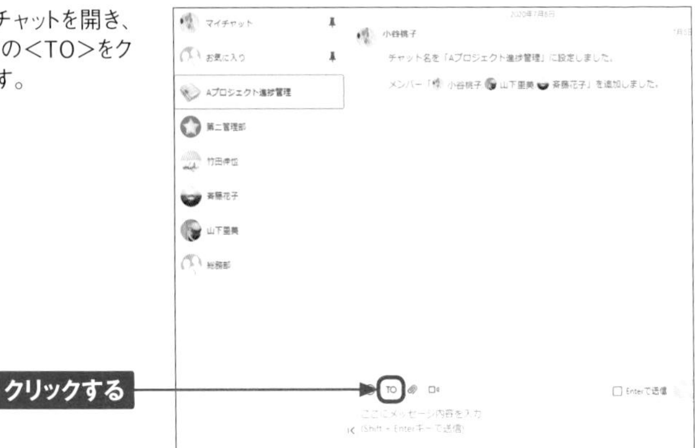

2 メッセージを送りたいメンバー（ここでは、<斉藤花子さん>）をクリックします。なお、<すべてのメンバー>をクリックするとグループチャットのメンバー全員を選択できます。

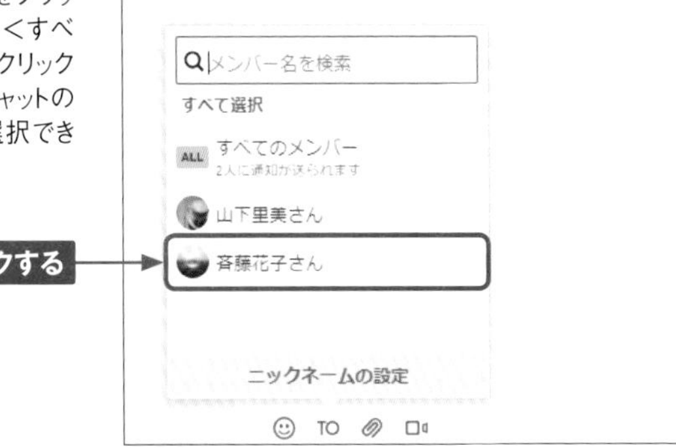

3 メッセージ入力欄に、相手の名前が表示されます。

表示される

[To:5025396]斉藤花子さん

4 続きにメッセージを入力し、<送信>をクリックします。

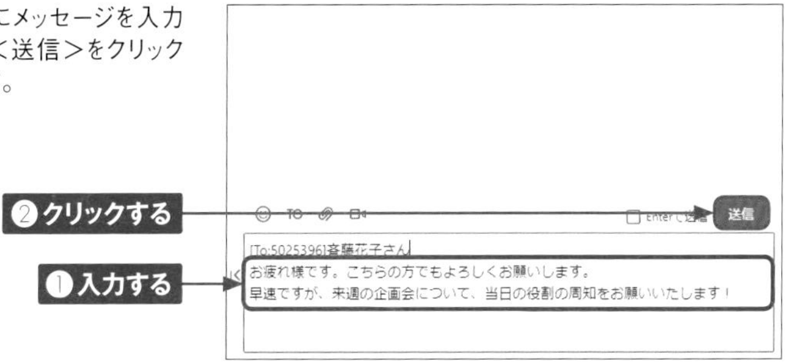

❷クリックする

❶入力する

[To:5025396]斉藤花子さん
お疲れ様です。こちらの方でもよろしくお願いします。
早速ですが、来週の企画会について、当日の役割の周知をお願いいたします！

5 Toが付いて相手にメッセージが送信されます。

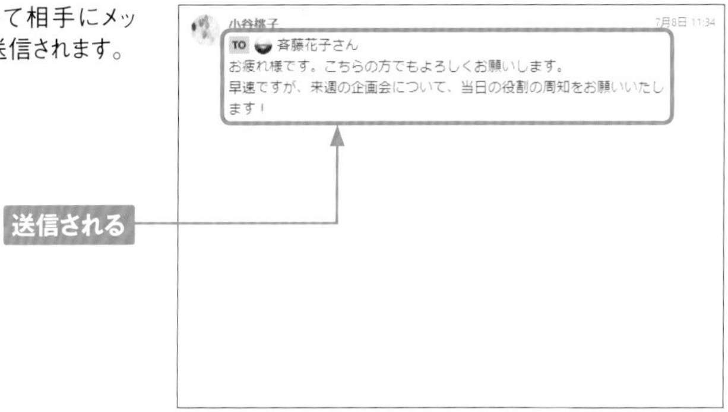

TO 斉藤花子さん
お疲れ様です。こちらの方でもよろしくお願いします。
早速ですが、来週の企画会について、当日の役割の周知をお願いいたします！

送信される

Memo ニックネームの設定

P.122手順②の画面で<ニックネームの設定>をクリックするとメンバーにニックネームを設定することができます。名前の横にニックネームを入力し、<保存する>をクリックすると反映されます。設定したニックネームは、メッセージを指名して送信したときに、相手やほかの人から見ることができます。

Section 55

グループチャットを削除する

管理者はグループチャットを削除することができます。削除するとメッセージやタスクなどすべてのデータが削除されるので、確認画面をよく確かめてから削除しましょう。また、参加メンバーはグループチャットから退席することが可能です。

グループチャットを削除する

1 削除したいグループチャットを開き、画面右上の⚙をクリックします。

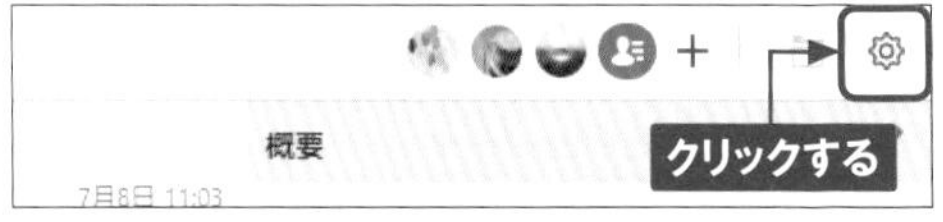

2 <グループチャットを削除する>をクリックします。

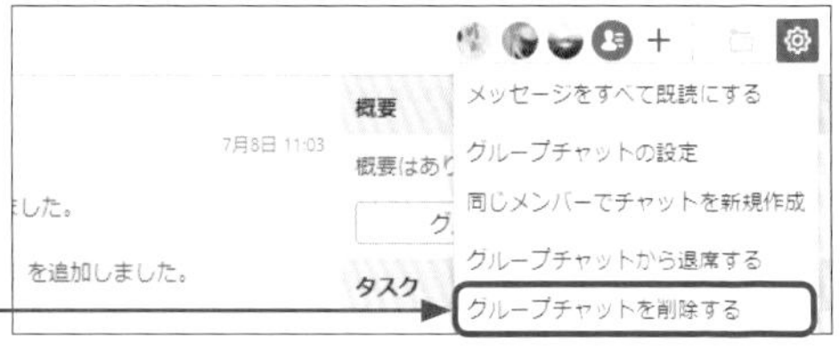

3 確認画面が表示されるので、内容を確認し、チェックボックスをすべてクリックしてチェックを付けます。<理解した上で削除する>をクリックすると、グループチャットが削除されます。

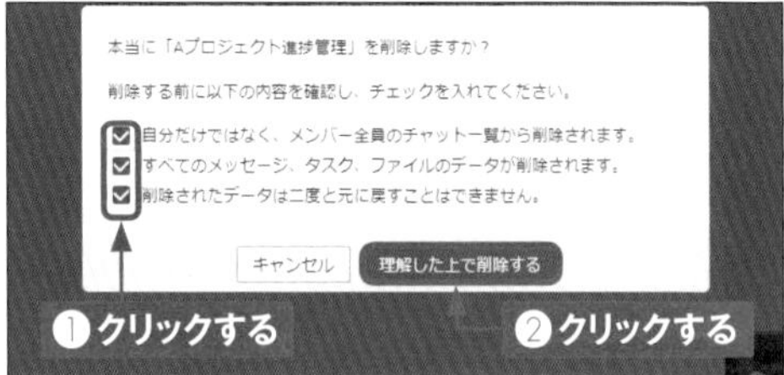

Memo グループチャットから退席する

グループチャットから退席するときは、手順②の画面で<グループチャットから退席する>→<OK>の順にクリックします。退席してしまうと、グループチャット内の自分が担当者のタスクは削除されます。また、アップロードしたファイルは削除される場合があります。

第8章

スマートフォンやタブレットで利用する

Section 56

iOS版、Android版について

Chatworkのやりとりはすべてインターネット上で行われるため、Chatworkにアカウントを登録しておくと1つのログイン情報で、さまざまな端末を使って利用することができます。ここでは、モバイル版アプリのiOS版とAndroid版について紹介します。

iOS版で利用する

iOS 12.0以降のiPhone ／ iPadでは、iOS版アプリをインストールすることで、Chatworkを利用することができます。このアプリはApple IDがあれば無料でApp Storeからダウンロードできます。なお、Chatworkアプリにログインするときは、Chatworkのアカウント登録のときに使ったメールアドレスが必要です。アップデートは、App Storeから行います。

iOS版でも、チャットによるメッセージの送受信をはじめ、ビデオ通話や音声通話、画面共有など、ブラウザ版やデスクトップ版アプリと同様の基本機能が利用できます。

iPhone

iPhoneでの初回起動時には、Chatworkのかんたんな説明が表示されます。パソコンと同じログイン情報で利用することができます。なお、初回ログイン時には不正アクセス防止のため、Chatworkに登録しているメールアドレスに認証コードが送信されます。iPhoneに認証コードを入力し、認証を行う必要があります。

Android版で利用する

Android 6.0以上のスマートフォンやタブレットであれば、Android版アプリがPlayストアでダウンロードできます。ただし、アプリの入手にはGoogle アカウントが必要になるので、事前に登録を済ませておくとスムーズです。Androidスマートフォンの「設定」アプリの「アカウント」から取得できるので、あらかじめ用意しておきましょう。なお、iOS版と同様に、Chatworkアプリにログインするときは、Chatwork のアカウント登録のときに使ったメールアドレスが必要です。
Android版でも、チャットによるメッセージの送受信をはじめ、ビデオ通話や音声通話、画面共有など、ブラウザ版やデスクトップ版アプリと同様の基本機能が利用できます。

●Xperia

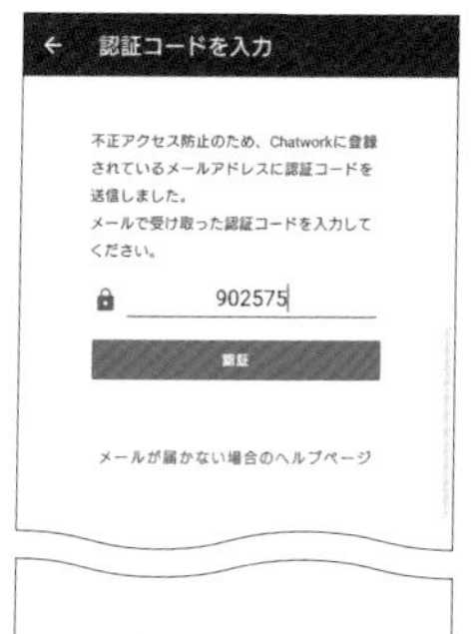

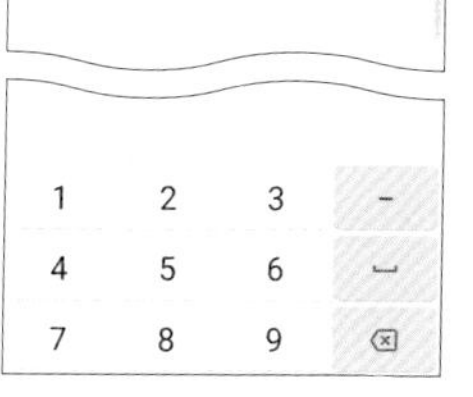

Androidスマートフォンでの初回起動時は、ログイン画面が表示されます。パソコンと同じログイン情報で利用可能です。なお、iOS版と同様、初回ログイン時には不正アクセス防止のため、認証コードの入力が必要になります。

Memo Chatworkのアカウント

Chatworkのアカウント1つに対し、メールアドレスが1つ必要になります。同期したい各端末に、同じアカウント（ログインメールアドレス／パスワード）でログインすることで、データが同期します。

Memo スマートフォン以外の携帯電話

iPhoneやAndroidなどのスマートフォン以外の携帯電話は、現在のところ対応の予定はありません。

Section 57 アプリをインストールする

Chatworkをスマートフォンで利用するには、iOS版はApp Store、Android版はPlayストアからアプリをインストールする必要があります。ここでは、iPhoneとXperiaの画面で解説しています。

iOS版をインストールする

1. ホーム画面から、<App Store>をタップして起動します。

2. App Storeが起動したら、画面下部の<検索>をタップし、画面上部の検索欄をタップします。

3. 「Chatwork」と入力して、キーボードの<検索>をタップします。

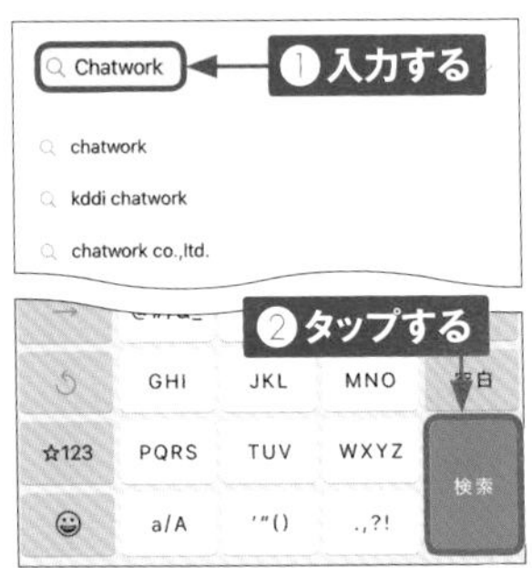

4. 検索結果が表示されたら、<入手>→<インストール>の順にタップします。Apple IDのパスワードを入力して、<サインイン>をタップするとアプリのインストールが始まります。

Android版をインストールする

1 ホーム画面またはアプリケーション画面から、<Playストア>をタップして起動します。

2 Playストアが起動したら、画面上部の検索欄をタップします。

3 「Chatwork」と入力して、キーボードの🔍をタップします。

4 検索結果が表示されたら、<インストール>をタップします。

Section 58

アプリの基本画面を確認する

モバイル版アプリのChatworkでは、「チャット」「タスク」「コンタクト」「アカウント」の4つの画面があります。画面下部のタブで画面を切り替え、各メニューやアイコンをタップして操作します。以降、iOS版を例に解説していきます。

iOS版とAndroid版の違い

Chatworkは、iOS版でもAndroid版でも、操作や機能に大きな違いはありません。ほかの画面に移りたいときは、画面下部の各アイコンをタップします。

iOS版

Android版

❶チャット	マイチャットを含む、チャット一覧を確認できます。
❷タスク	タスク管理ができます。
❸コンタクト	コンタクト管理ができます。
❹アカウント	プロフィール編集や各種設定ができます。

iOS版の各種画面

●チャット

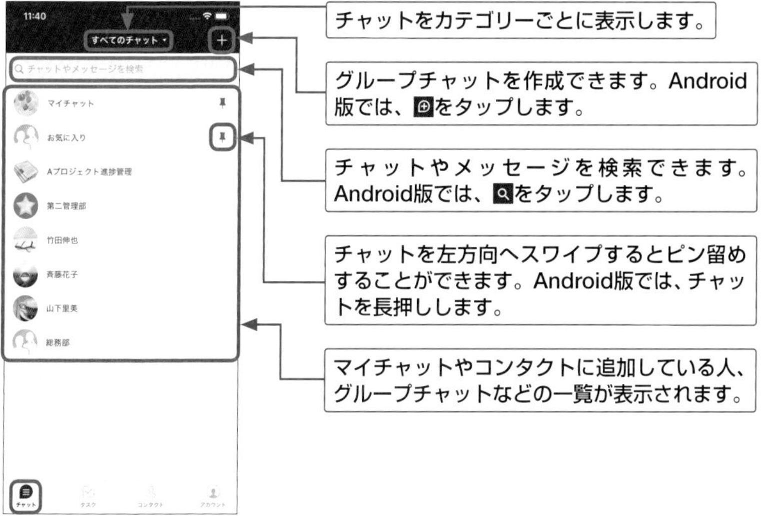

●タスク

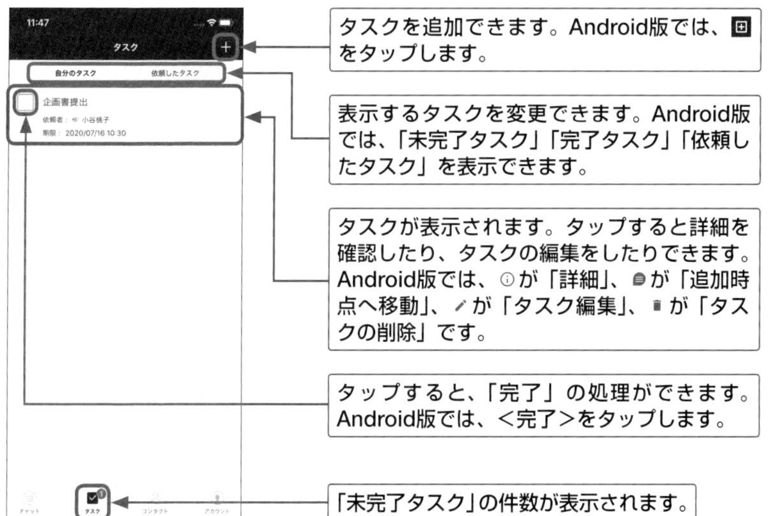

11:47
タスク
自分のタスク
依頼したタスク
企画書提出
依頼者：小谷桃子
期限：2020/07/16 10:30
チャット
タスク
コンタクト
アカウント
タスクを追加できます。Android版では、をタップします。
表示するタスクを変更できます。Android版では、「未完了タスク」「完了タスク」「依頼したタスク」を表示できます。
タスクが表示されます。タップすると詳細を確認したり、タスクの編集をしたりできます。Android版では、が「詳細」、が「追加時点へ移動」、が「タスク編集」、が「タスクの削除」です。
タップすると、「完了」の処理ができます。Android版では、<完了>をタップします。
「未完了タスク」の件数が表示されます。

●コンタクト

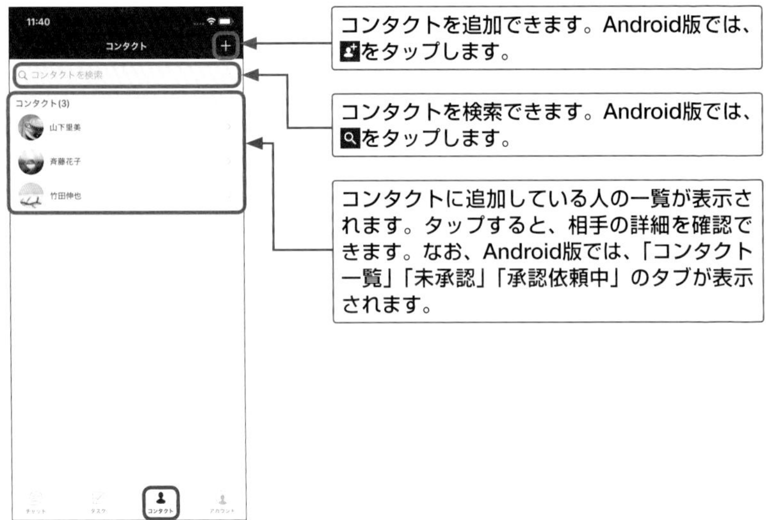

11:40
コンタクト
コンタクトを検索
コンタクト(3)
山下里美
斉藤花子
竹田伸也
コンタクト
コンタクトを追加できます。Android版では、をタップします。
コンタクトを検索できます。Android版では、をタップします。
コンタクトに追加している人の一覧が表示されます。タップすると、相手の詳細を確認できます。なお、Android版では、「コンタクト一覧」「未承認」「承認依頼中」のタブが表示されます。

●アカウント

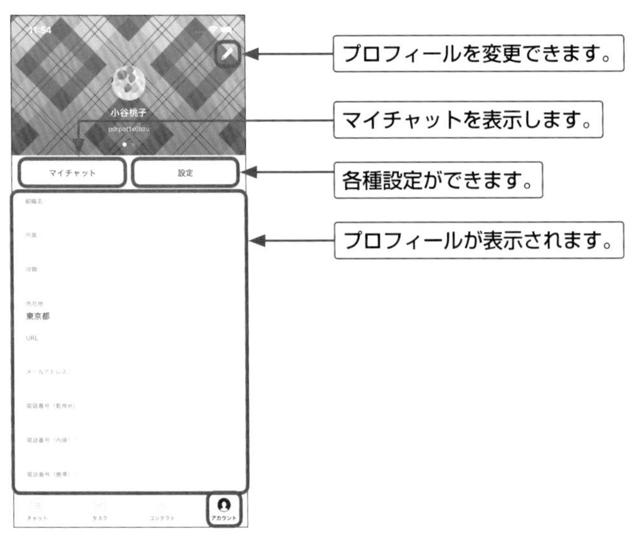

小谷桃子
マイチャット
設定
東京都
URL
アカウント
プロフィールを変更できます。
マイチャットを表示します。
各種設定ができます。
プロフィールが表示されます。

Section 59

メッセージを確認する

モバイル版Chatworkでメッセージを受信したら、確認してみましょう。アプリを起動していないときも、メッセージを受信すると通知が表示されます。なお、ロック画面からメッセージを確認することもできます。

メッセージを確認する

1 メッセージを受信すると通知が表示されるので、ホーム画面で<Chatwork>をタップします。

2 通知が表示されているチャットをタップします。

3 チャットルームが表示され、メッセージを確認できます。

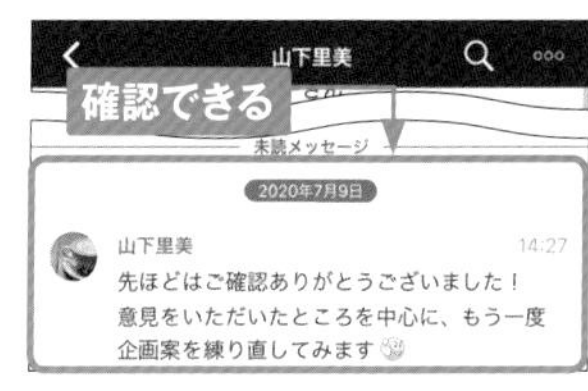

Memo ロック画面から確認する

ロック中にメッセージを受信すると、通知が表示されます。通知を左方向にスワイプし、<表示>→<○○さんからメッセージが届きました。>の順にタップすると、チャットが表示され、メッセージを確認できます。

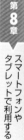

Section 60

メッセージを送信する

モバイル版アプリのChatworkでもコンタクトに追加している相手とメッセージのやりとりが可能です。デスクトップ版アプリと同じく、メッセージだけでなくファイルや画像の送信も可能です。

メッセージを送信する

1 チャット一覧から、メッセージを送信したい相手をタップします。

2 <メッセージを入力>をタップします。

3 メッセージを入力して、<送信>をタップします。

4 メッセージが送信されます。<をタップすると、チャット一覧画面が表示されます。

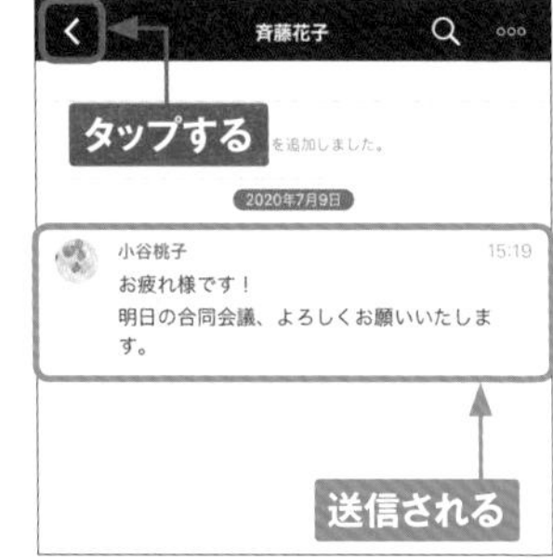

メッセージに返信する

1 チャット一覧からメッセージに返信したい相手をタップします。

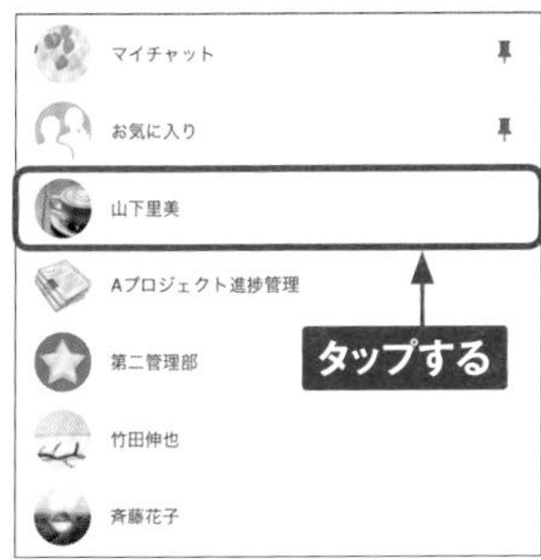

2 返信したいメッセージをタップします。

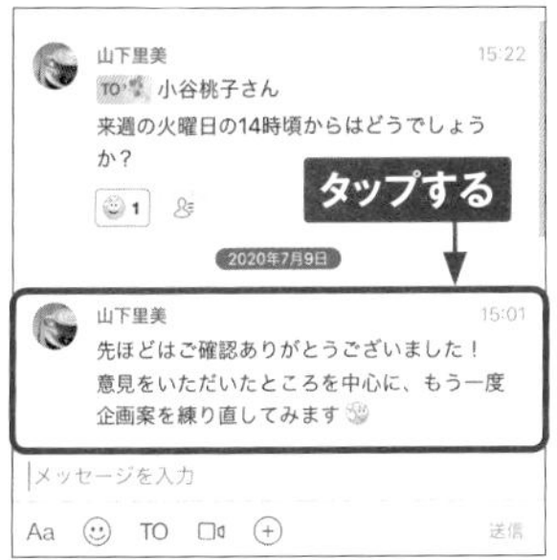

3 ＜返信＞をタップします。

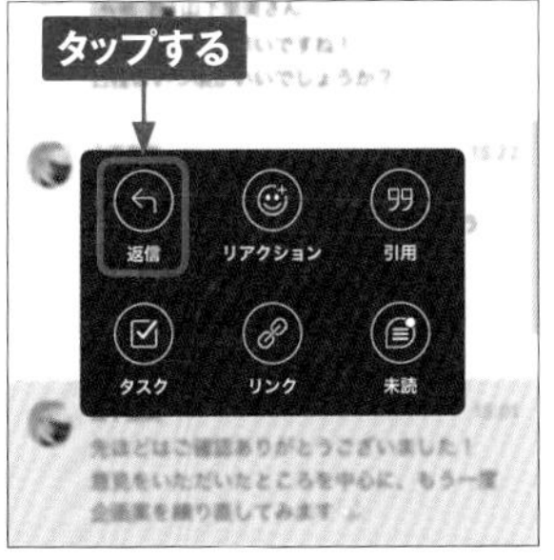

4 返信のメッセージを入力し、＜送信＞をタップします。

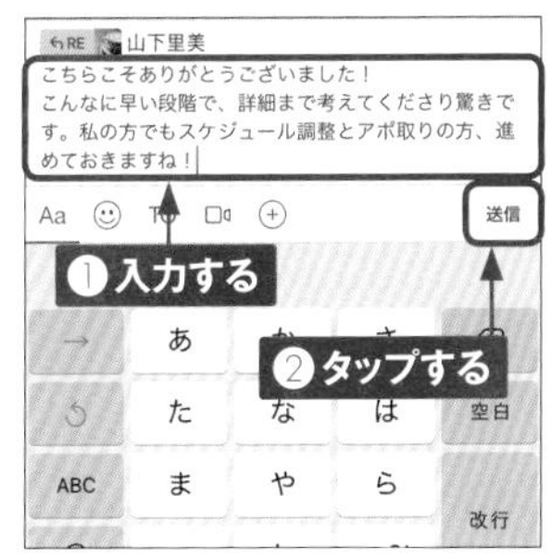

5 メッセージに返信できます。

Memo **ファイルや画像を送信する**

ファイルや画像を送信するときは、手順②の画面で⊕をタップすることで「ファイル」や「カメラロール」を選択することができます。初回起動時には、アプリから端末へのアクセスを求められるので、＜許可＞をタップします。

Section 61

ビデオ通話をする

モバイル版アプリのChatworkも、Chatwork Liveを利用することができます。ここでは、ビデオ通話のかけ方とビデオ通話に応答するときの方法を解説します。なお、スマートフォンのロック中に着信があった場合にも、応答することが可能です。

ビデオ通話を発信する

1 チャット一覧から、ビデオ通話をしたい相手をタップします。

2 □をタップします。

3 相手の名前をタップし、チェックを付けます。＜ビデオ通話＞をタップします。

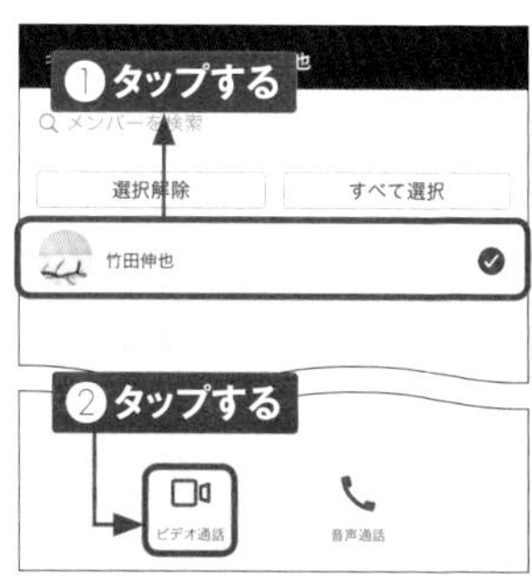

4 ＜開始＞をタップします。相手が応答すると、ビデオ通話が始まります。なお、をタップするとビデオ通話が終了します。

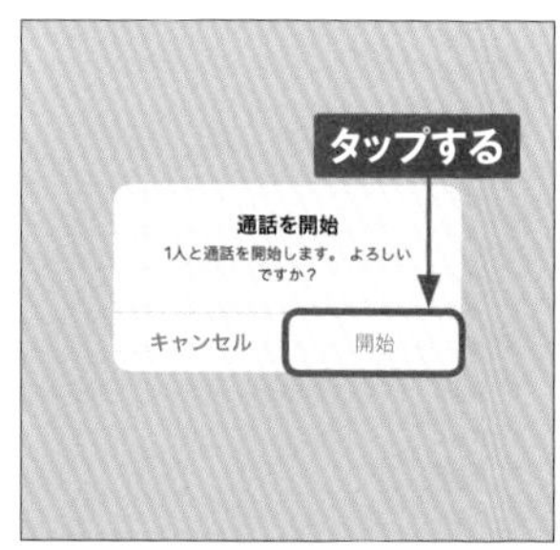

ビデオ通話に応答する

1 相手から着信があったら、＜応答＞をタップします。なお、＜拒否＞をタップすると、通話を拒否できます。

2 通話が開始されます。画面下部の相手の画面をタップすると画面に相手の顔が表示されます。をタップし、ビデオをオンにします。

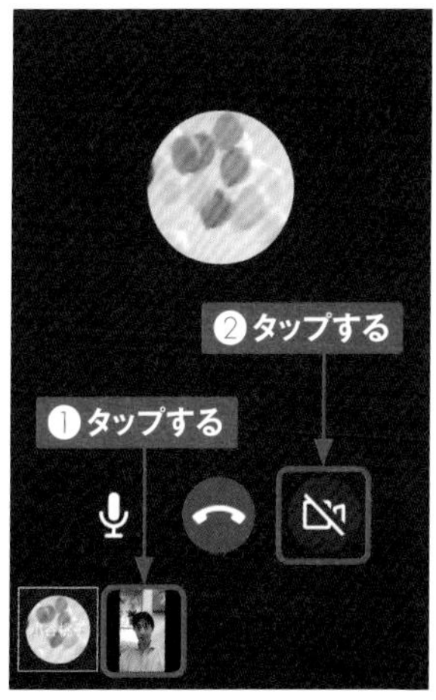

3 をタップすると、ビデオ通話が終了します。

Memo iPhoneのロック中に着信があった場合

iPhoneでは、ロック中に着信があると、下のような画面が表示されます。着信中にを右方向にスライドすると着信に応答できます。

Section 62 通知設定を変更する

通知が多く、困ったときは、通知設定を変更します。ここでは、チャットからの通知をオフにする方法と、「設定」画面から変更する方法を紹介します。なお、チャットごとに通知をオフにする機能はAndroid版にはありません。

チャットごとに通知をオフにする

1 チャット一覧から、通知をオフにしたいチャットを表示します。■をタップします。

2 ■をタップします。

3 ■をタップし、「個別に通知」をオンにします。

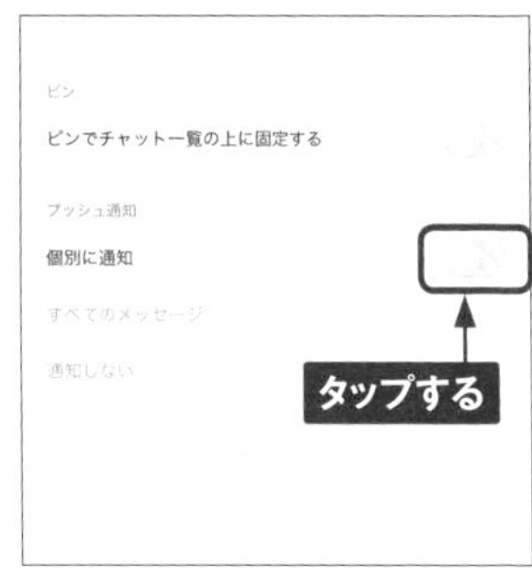

4 <通知しない>をタップし、チェックを付けると、そのチャットからの通知がオフになります。

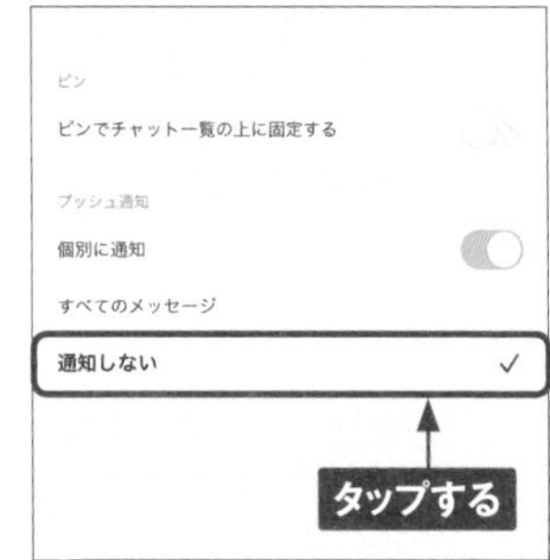

すべての通知をオフにする

1 画面下部の<アカウント>をタップします。

2 <設定>をタップします。

3 <プッシュ通知>をタップします。

4 をタップします。

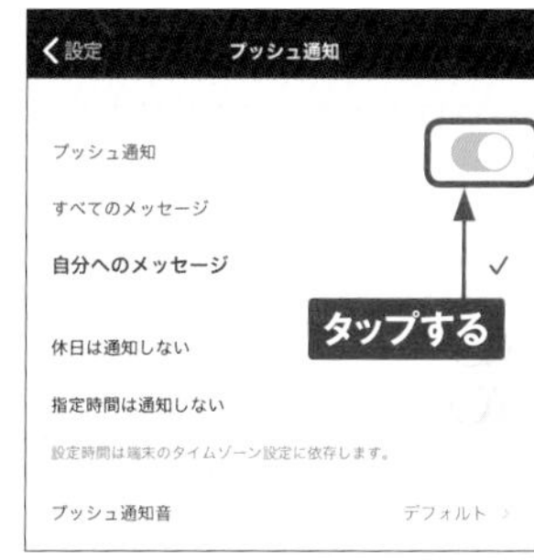

5 「プッシュ通知」がオフになり、すべての通知が行われなくなります。

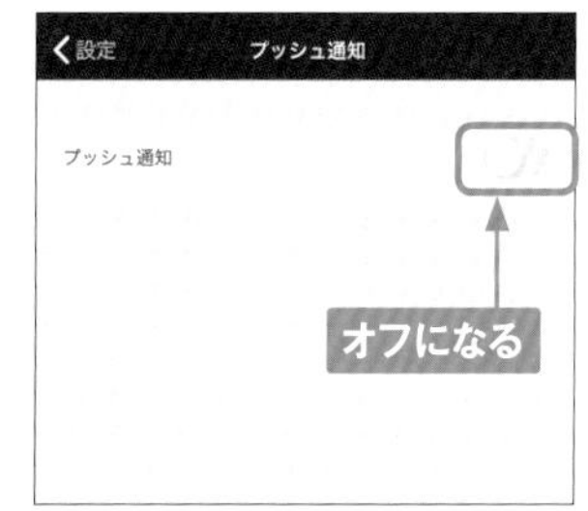

Android版の場合

Android版ですべての通知をオフにする場合は、画面下部の<アカウント>→<設定>の順にタップします。「プッシュ通知」の<プッシュ通知する項目>をタップし、<通知しない>をタップすると、すべての通知が行われなくなります。

メール通知を設定する

1 画面下部の<アカウント>をタップします。

2 <設定>をタップします。

3 <メール通知>をタップします。

4 をタップします。

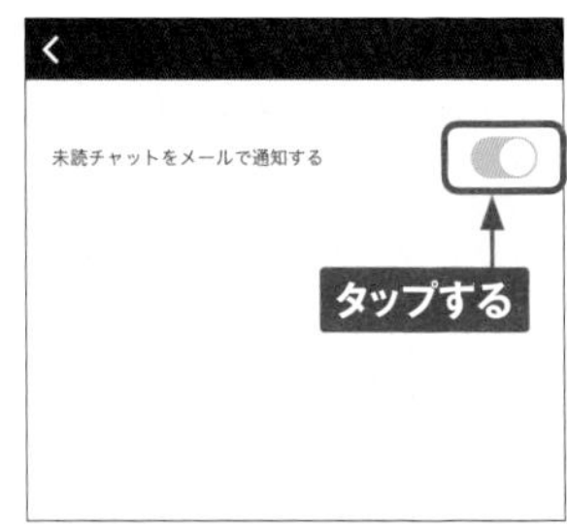

5 「未読チャットをメールで通知する」がオフになり、未読チャットの通知がメールに届かなくなります。

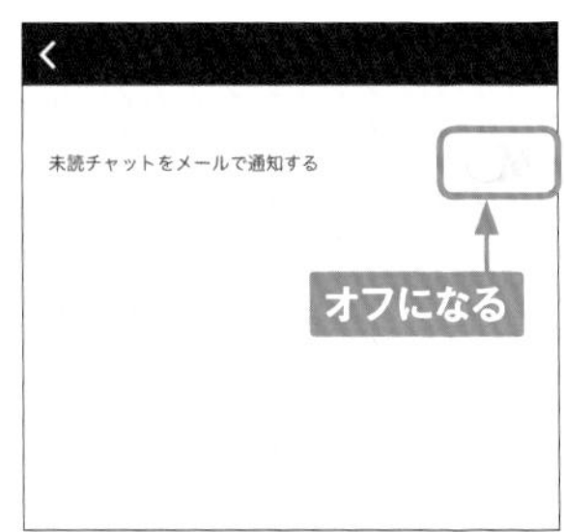

Memo Android版の場合

Android版でメール通知を設定する場合は、画面下部の<アカウント>→<設定>の順にタップします。「全般」の<未読チャットのメール通知>をタップし、チェックボックスのチェックを外すと、未読チャットの通知がメールに届かなくなります。

第8章 スマートフォンやタブレットで利用する

第9章

疑問・困った解決Q&A

Section 63

会議を円滑に進めるには？

Chatwork Liveを利用すると、離れたところにいる相手とも話し合いをすることができるので便利です。ここでは、会議を円滑に進めるために、事前に準備をしたり、Chatwork Liveの機能を活用したりするコツを紹介します。

会議を円滑に進めるコツ

●会議の日程をタスクに追加する

会議の日程が決まったら、タスクに追加（Sec.24参照）しておきましょう。スケジュールを把握しておくことで、会議の前日までにChatwork Liveの接続や動作の確認ができます。

●資料の用意をする

事前に共有された資料があるときは、ファイルをダウンロード（Sec.65参照）して印刷しておくと、話し合いにスムーズに参加できます。

●会議のグループを作成する

複数人でビデオ会議を行う場合、事前に会議に参加するメンバーだけのグループチャットを作成(Sec.49)しておきましょう。当日にメンバーを慌てて招待したり、追加したりする手間が省けます。

●画面共有を使って説明をする

画面共有（Sec.36）を使うと、ファイル形式に依存することなく相互に資料を確認することが可能です。自分のパソコン上の操作を示したり、アプリやPowerPointを見せたりすることで視覚的に分かりやすい説明ができます。

●発言するとき以外は、マイクをオフ（ミュート）にする

メンバーの誰かが発言している間は、自分のマイクをオフ（ミュート）にしておきます（Sec.38参照）。余計な音が入ったり、音割れしたりするのを防ぎます。

Section 64 メール配信を停止するには?

Chatworkでは、一定時間見ていない未読チャットがあるとき、登録しているメールアドレスに通知が届く設定になっています。メールの通知を停止する場合は、「動作設定」から行います。

動作設定から通知の設定をする

1 画面右上の自分のプロフィール写真をクリックし、＜動作設定＞をクリックします。

2 「メール通知」の時間をクリックし、＜通知しない＞をクリックします。

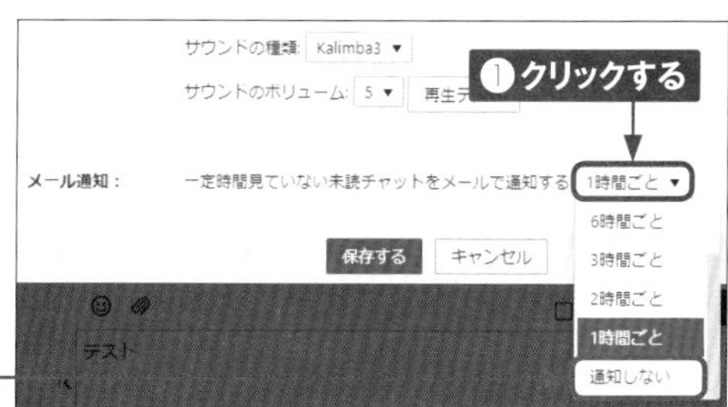

3 ＜保存する＞をクリックすると、メール通知が届かなくなります。

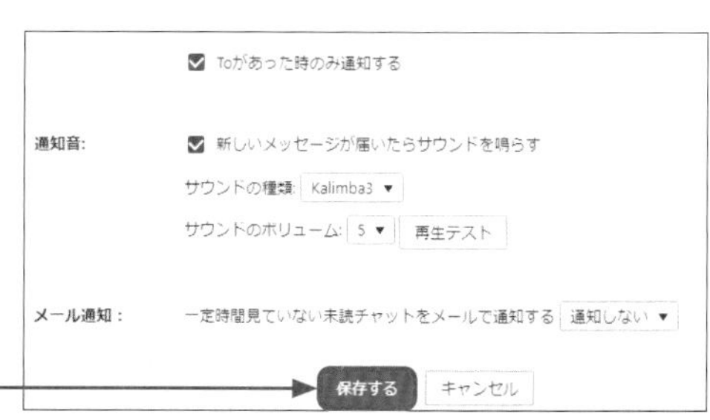

第9章 疑問・困った解決Q&A

Section 65

やりとりしたファイルを管理するには?

Chatworkでは、ファイル管理機能があります。ファイル管理機能では、自分がアップロードしたファイルはすべてアップロードした順に一覧で表示されます。ファイルをプレビュー表示したり、ダウンロードしたりすることが可能です。

ファイル管理を使う

1 画面上部のをクリックします。

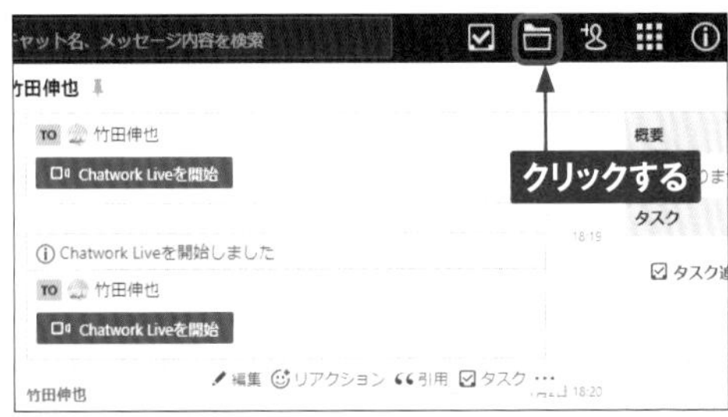

2 「ファイル管理」画面が表示されます。

Memo ストレージ容量が足りなくなった場合

ストレージ容量が足りなくなった場合、「ファイル管理」画面下部の<ストレージ容量を追加する>をクリックします。ブラウザでWebページが表示され、そこからストレージ容量の変更ができます。ただし、フリープランでは、ストレージを変更することができません。なお、どのくらい容量を使っているかは、ファイル管理画面下部の「ストレージ使用率」から確認できます。

ファイルをプレビュー表示する

1 「ファイル管理」画面で、プレビュー表示したいファイルをクリックすると、画面の右側にプレビュー表示されます。

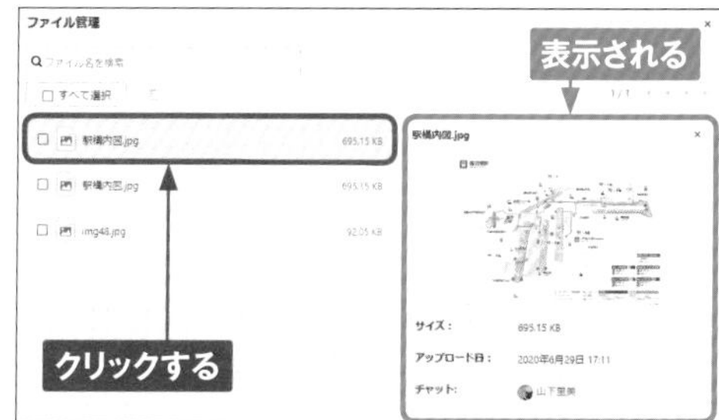

ファイルをダウンロードする

1 「ファイル管理」画面で、ダウンロードしたいファイルにマウスカーソルを合わせます。⤓をクリックします。

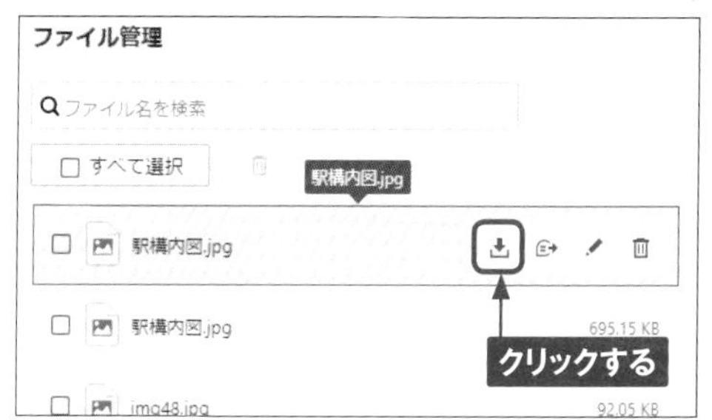

2 ＜保存＞をクリックすると、ファイルをダウンロードできます。

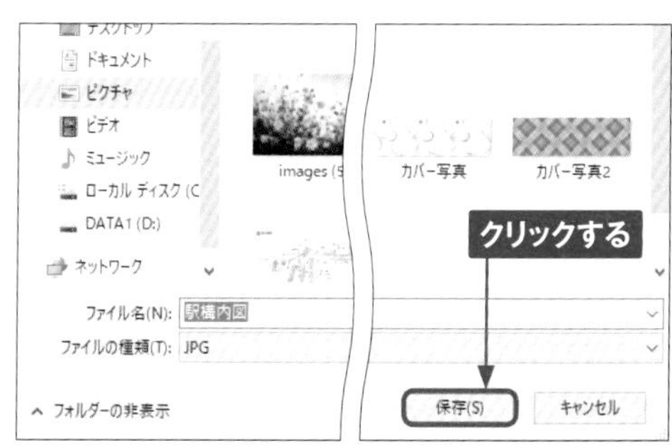

Memo ファイルを削除する

ファイルを削除するときは、上記の「ファイルをダウンロードする」手順①の画面で、🗑をクリックします。確認画面が表示されるので、＜削除＞をクリックすると、ファイルを削除することができます。

Section 66 プロフィール写真やカバー写真を変更するには?

プロフィール写真やカバー写真の画像は、自由に変更することができます。プロフィール編集画面から、パソコンに保存されている画像をプロフィール写真に使用したり、カバー写真に使用したりすることが可能です。

プロフィール写真を変更する

1 P.24手順①～②を参考に、プロフィール編集画面を表示し、<写真を変更する>→<ファイルを選択>の順にクリックします。

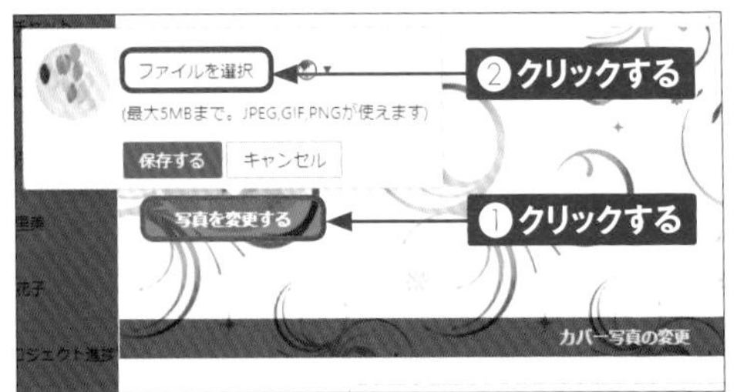

2 プロフィール写真に設定したい画像をクリックし、<開く>をクリックします。

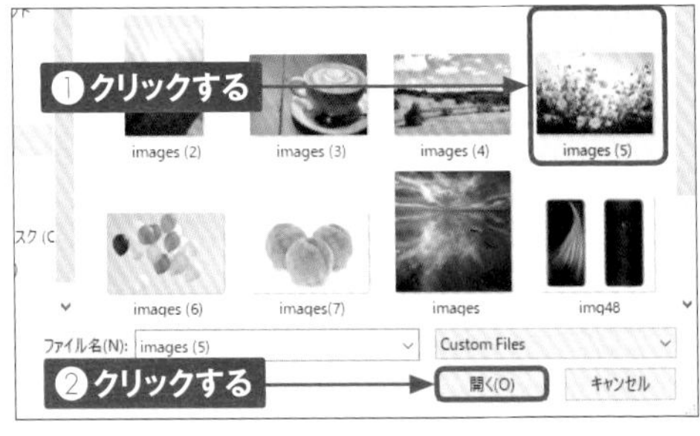

3 <保存する>をクリックし、画面下部の<保存する>をクリックすると、プロフィール写真が変更されます。

カバー写真を変更する

1 P.24手順①～②を参考に、プロフィール編集画面を表示し、<カバー写真の変更>→<ファイルを選択>の順にクリックします。

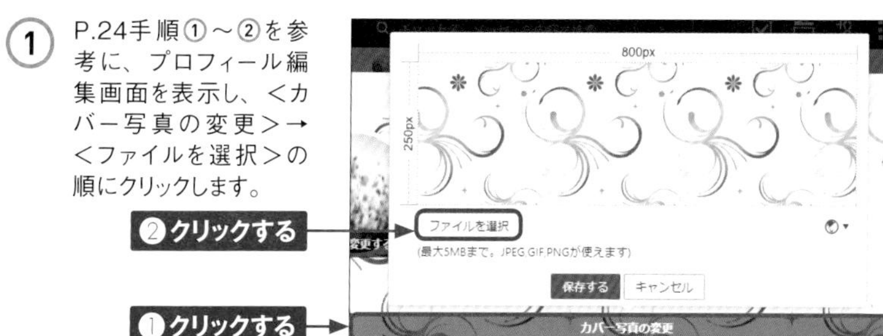

2 カバー写真に設定したい画像をクリックし、<開く>をクリックします。

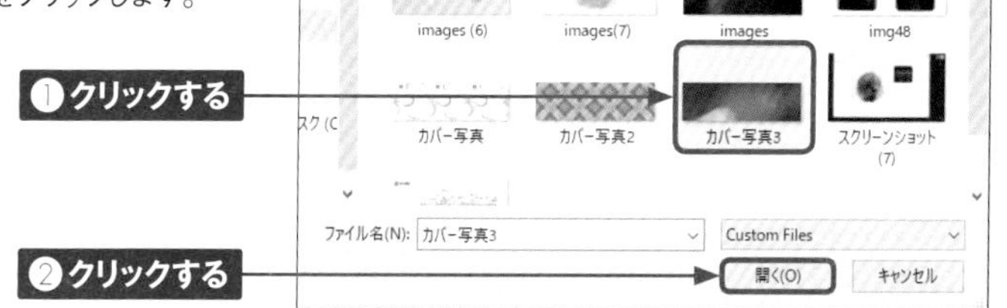

3 <保存する>をクリックし、画面下部の<保存する>をクリックします。

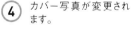

4 カバー写真が変更されます。

Section 67 メールアドレスを変更するには？

アカウントを登録するときに用いたメールアドレスは、あとから変更することが可能です。新しいメールアドレスに変更すると、そのメールアドレスに認証URL付き確認メールが送信されるので、忘れずに認証を行いましょう。

メールアドレスを変更する

1 画面右上の自分のプロフィール写真をクリックし、＜アカウント設定＞をクリックします。

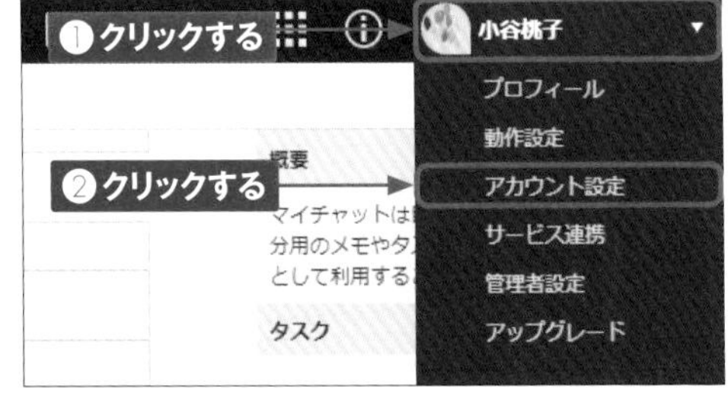

2 ブラウザが開いて「ユーザー情報」画面が表示されます。メールアドレスの右側にある＜変更＞をクリックします。

3 「新しいメールアドレス」を入力し、＜変更＞をクリックします。新しいメールアドレスに確認メールが送信されます。メール内の認証用URLへアクセスするとメールアドレスの変更が完了します。

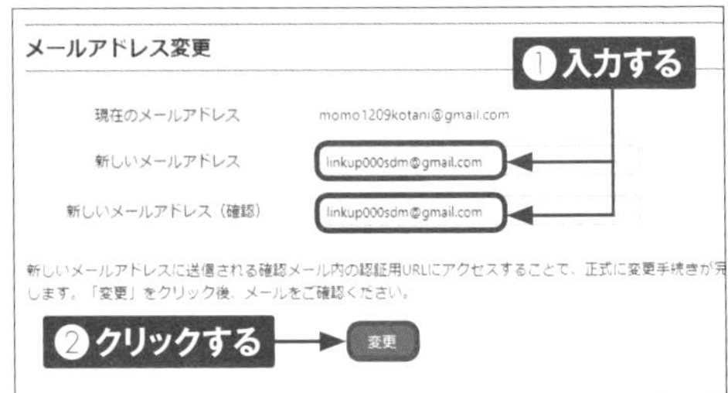

Section 68

パスワードを変更するには?

アカウント作成時に設定したパスワードは、いつでも変更できます。なお、パスワードを変更すると、変更した端末からすぐにログアウトされます。新しいパスワードが即時に反映されるので、再びログインしてChatworkを利用することが可能です。

パスワードを変更する

1 画面右上の自分のプロフィール写真をクリックし、＜アカウント設定＞をクリックします。

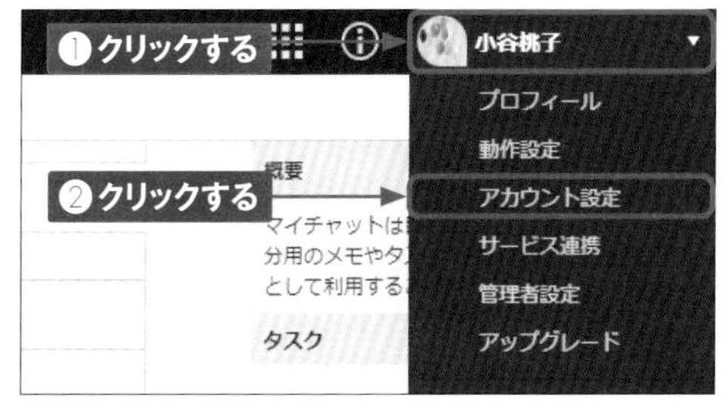

2 ブラウザが開いて「ユーザー情報」画面が表示されます。画面左側の＜パスワード変更＞をクリックします。

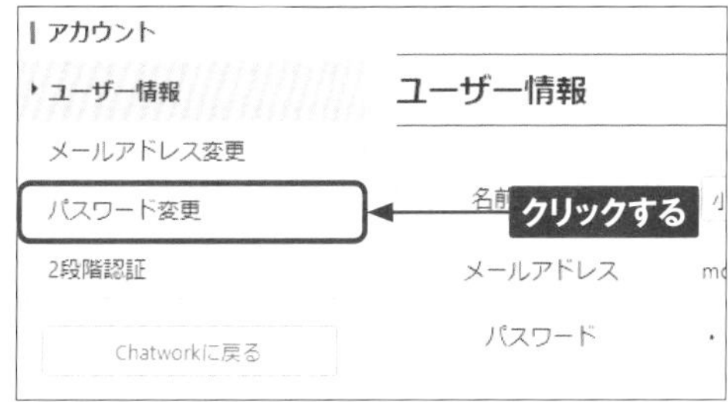

3 「現在のパスワード」と「新しいパスワード」を入力し、＜変更＞をクリックします。ログイン画面が表示されるので、新しいパスワードを入力してログインすると、パスワードの変更が完了します。

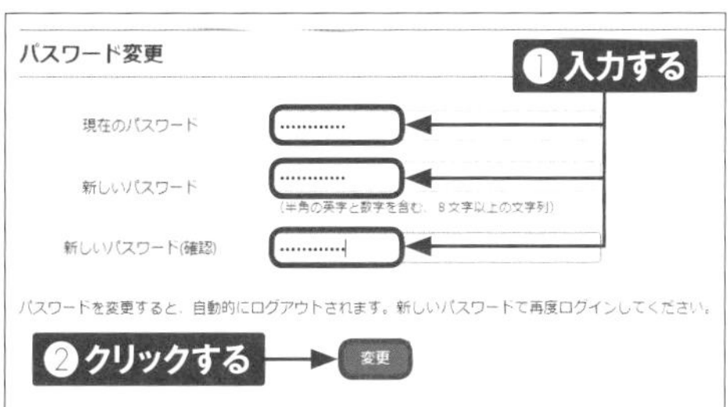

Section 69

外部アプリと連携するには？

Chatworkと連携ができるサービスをまとめた「サービス連携ガイド」があります。サービス連携ガイドでは、連携可能なサービスの検索が可能です。また、外部アプリと連携を行うとき、APIトークンの入力を求められることがあります。

サービス連携ガイドを確認する

1. 画面上部のⓘをクリックし、＜サービス連携ガイド＞をクリックします。

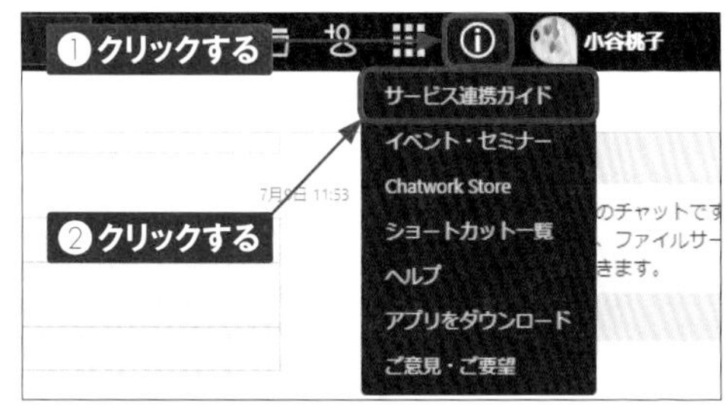

2. ブラウザが開いて「サービス連携ガイド」画面が表示されます。画面右上の「サービスをさがす」にキーワードを入力すると、サービスの検索が可能です。

Memo Zapier（ザピアー）を使った連携が便利

Zapierとは、アメリカのタスク自動化ツールです。1000種類以上のアプリを組み合わせて自動化アプリを作成することができます。コードを入力する必要がなく、選択肢を選ぶだけで誰でもかんたんに作成可能です。基本は無料で利用できますが、必要に応じて有料プランを選択することができます。

8 APIトークンを発行する

1 画面右上の自分のプロフィール写真をクリックし、<サービス連携>をクリックします。

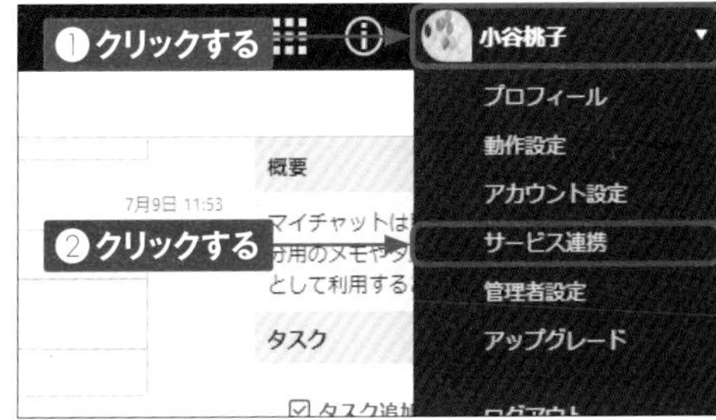

2 ブラウザが開いて「サービス連携」画面が表示されます。<API Token>をクリックします。

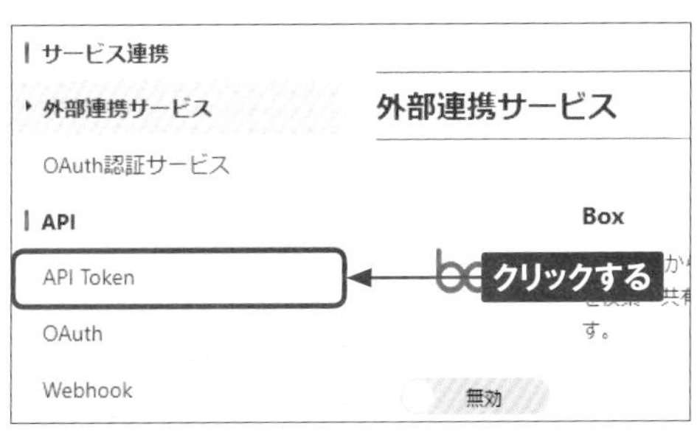

3 入力欄に自分のChatworkのパスワードを入力し、<表示>をクリックします。

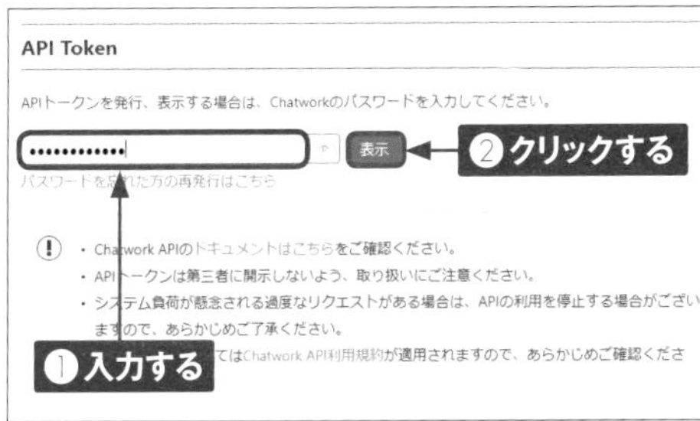

4 APIトークンが発行されます。<コピー>をクリックすると、APIトークンが選択されます。その上で右クリックし、<コピー>をクリックします。任意の場所で、貼り付けて使用します。

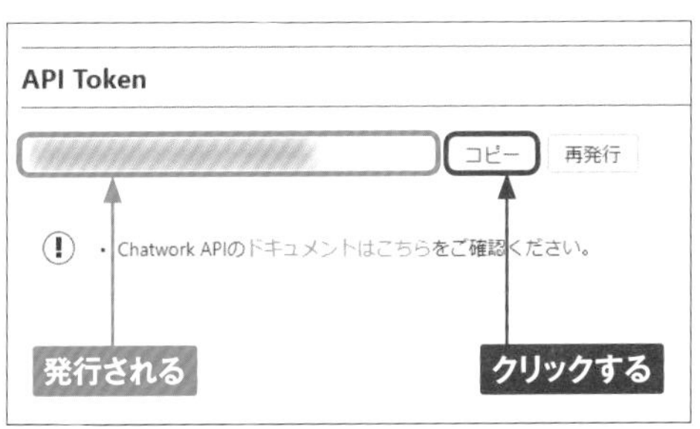

第9章 疑問・困った解決Q&A

Section 70 デスクトップ版アプリの広告表示を消すには?

Chatworkのフリー（無料）プランでは、画面右下に広告が表示されています。有料プランになると、広告が非表示になります。どうしても広告を消したい場合には、有料プランへの変更が必要です。

利用プランの変更をする

有料プラン（パーソナルプラン、ビジネスプラン、エンタープライズプラン）では画面右下の広告が非表示になります。そのため、Chatworkでの広告を非表示にする場合は、有料プランへのアップグレードが必要です。有料プランへの変更の仕方については、Sec.73を参照してください。

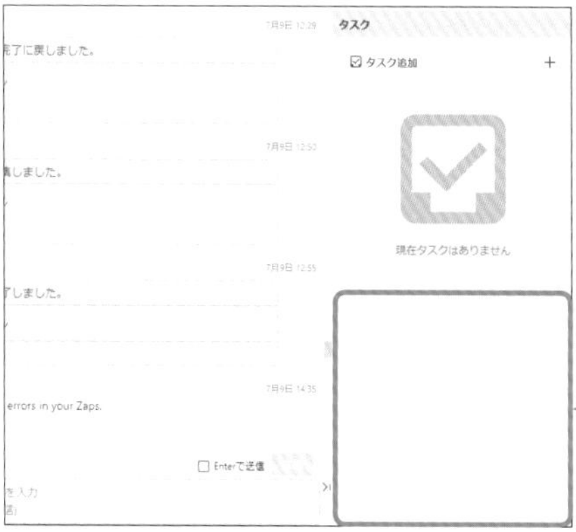

非表示になる

有料プランへ利用プランを変更すると、自動的に画面右下の広告が非表示になります。変更後のプランは、変更申込み日時から即時に利用可能です。

Section **71**

利用内容の確認をするには?

Chatworkの現在の利用状況を知りたい場合は、管理者設定から確認することができます。利用プランなどの変更が可能です。また、有料プランを利用中の場合は、領収書／請求書の発行も行えます。

管理者設定から確認する

1 画面右上の自分のプロフィール写真をクリックし、＜管理者設定＞をクリックします。

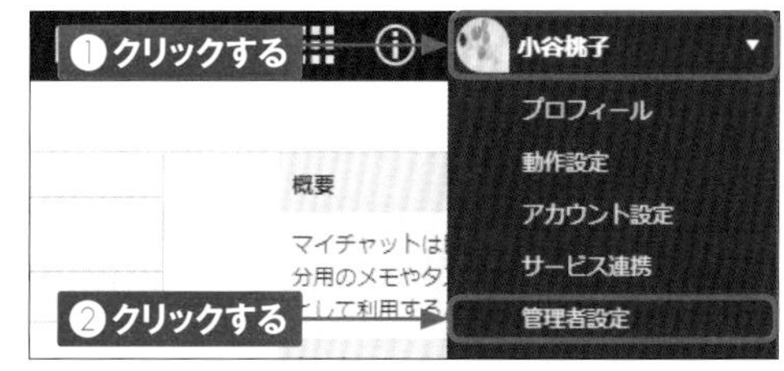

2 ブラウザが開いて「利用内容の確認」画面が表示されます。この画面から「利用プランの変更」「ストレージ容量の追加」「お支払方法（クレジットカード）の変更」が行えます。

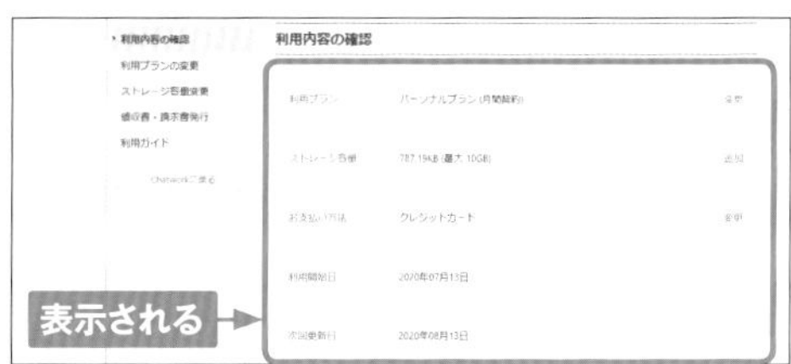

Memo 領収書／請求書発行

有料プランを利用している場合、領収書と請求書の発行ができます。手順②の画面で、＜領収書・請求書発行＞をクリックし、「決済履歴一覧」から任意のほうを選択し、＜発行＞をクリックします。なお、＜情報変更＞をクリックすると、「会社名」「部署名」「名前」の変更ができます。

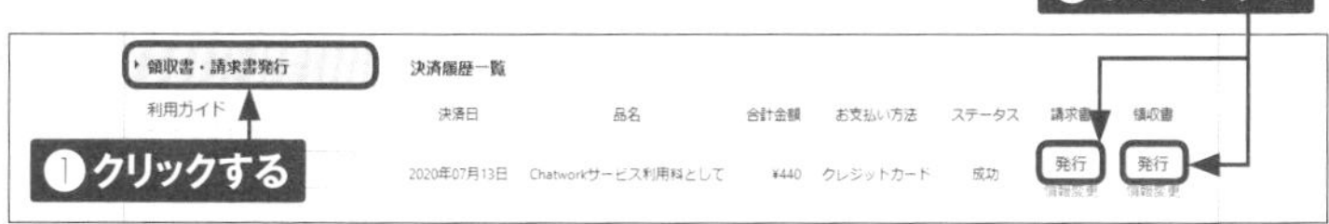

Section 72 3人以上でビデオ通話をするには?

複数人でビデオ通話を行うには、有料プランへのアップグレード（Sec.73参照）が必要です。チャットに有料プランユーザーが1人でも参加していれば、そのチャットでのビデオ通話は14人まで参加可能です。

複数人でビデオ通話をする

1 チャット一覧から、複数人でビデオ通話をしたいグループチャットをクリックします。

2 ▭◁をクリックします。

3 ビデオ通話に追加したいメンバーの名前をクリックし、チェックボックスにチェックを付けます。<ビデオ通話>をクリックします。

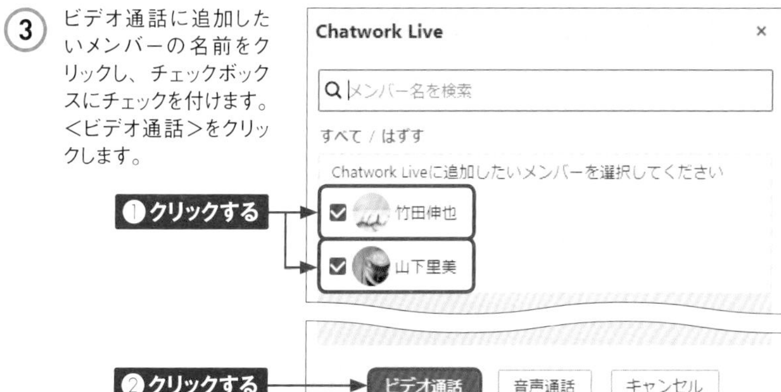

4 グループのメンバーを呼び出しています。

5 メンバーがビデオ通話に応答すると、画面にメンバーの顔が表示されます。なお、画面右側のメンバーをクリックすると、画面が切り替わります。

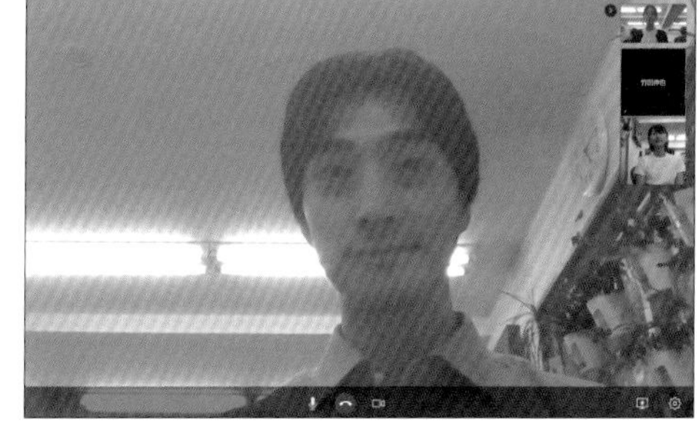

6 をクリックすると、ビデオ通話が終了します。

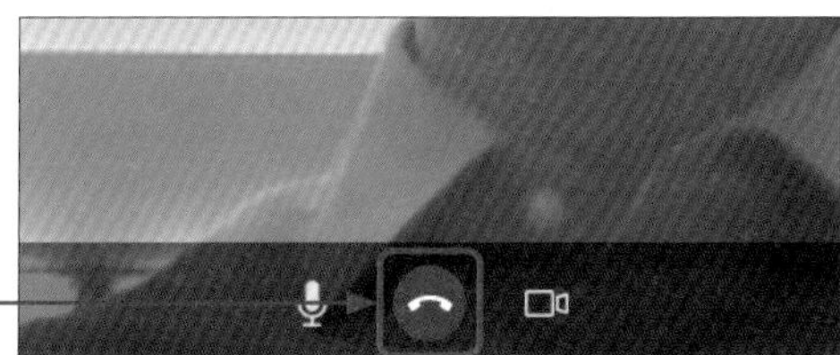

Section 73 無料プランから有料プランに変更するには?

Chatworkはプランによって、使える機能に違いがあります。Chatworkの利用頻度や、使いたい機能によって自分に合ったプランを選択し、効果的にChatworkを活用しましょう。

有料プランへの変更の仕方

1 画面右上の自分のプロフィール写真をクリックし、<アップグレード>をクリックします。

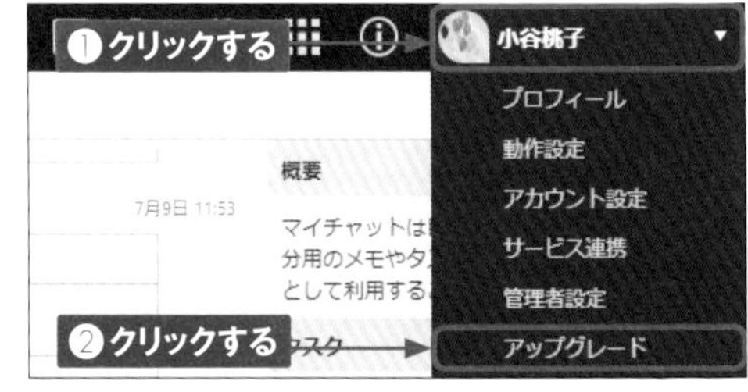

2 ブラウザが開いて「利用プランの変更」画面が表示されます。任意のプラン(ここでは、「パーソナルプラン」)の<アップグレード>をクリックします。

3 <決済情報入力ページへ進む>をクリックします。

4 クレジットカード情報を入力し、<次へ進む>をクリックします。

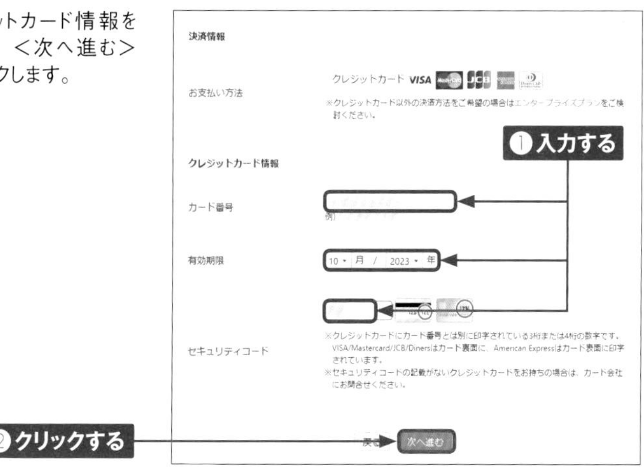

5 申込み内容を確認し、<この内容で申し込む>をクリックします。

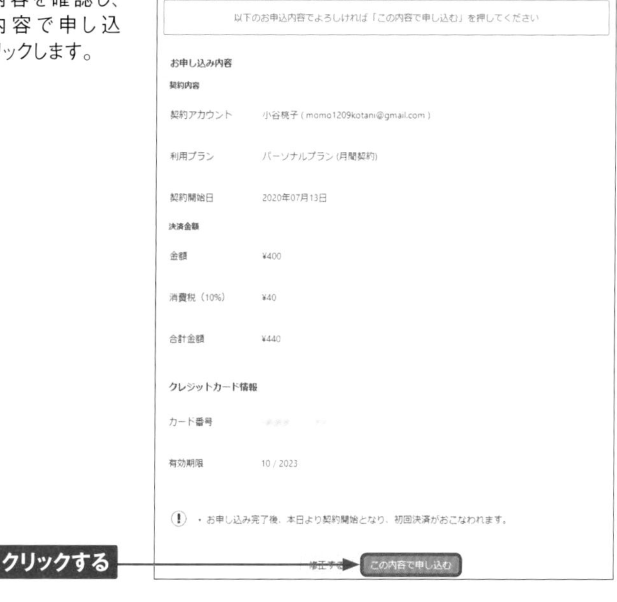

6 利用プランの変更が完了します。

利用プランの変更が完了しました。
登録いただいているメールアドレス（momo1209kotani@gmail.com）へプラン変更完了の案内メールを送信いたしましたので、ご確認よろしくお願いいたします。
件名：【Chatwork】プラン変更完了のご案内
完了する

索引

数字・アルファベット

あ行

か行

さ行

た行

な行・は行

ま行

や行・ら行

お問い合わせについて

本書に関するご質問については、本書に記載されている内容に関するもののみとさせていただきます。本書の内容と関係のないご質問につきましては、一切お答えできませんので、あらかじめご了承ください。また、電話でのご質問は受け付けておりませんので、必ずFAX か書面にて下記までお送りください。
なお、ご質問の際には、必ず以下の項目を明記していただきますようお願いいたします。

1 お名前
2 返信先の住所または FAX 番号
3 書名
(ゼロからはじめる Chatwork 基本 & 便利技)
4 本書の該当ページ
5 ご使用のソフトウェアのバージョン
6 ご質問内容

なお、お送りいただいたご質問には、できる限り迅速にお答えできるよう努力いたしておりますが、場合によってはお答えするまでに時間がかかることがあります。また、回答の期日をご指定なさっても、ご希望にお応えできるとは限りません。あらかじめご了承くださいますよう、お願いいたします。ご質問の際に記載いただきました個人情報は、回答後速やかに破棄させていただきます。

お問い合わせの例

FAX

1 お名前
技術　太郎

2 返信先の住所または FAX 番号
03-XXXX-XXXX

3 書名
ゼロからはじめる
Chatwork 基本&便利技

4 本書の該当ページ
40ページ

5 ご使用のソフトウェアのバージョン
Android 9

6 ご質問内容
手順3の画面が表示されない

お問い合わせ先

〒162-0846
東京都新宿区市谷左内町 21-13
株式会社技術評論社　書籍編集部
「ゼロからはじめる Chatwork 基本 & 便利技」質問係
FAX 番号　03-3513-6167
URL：http://book.gihyo.jp/116/

ゼロからはじめる Chatwork 基本 & 便利技

2020 年 10 月 3 日　初版　第 1 刷発行

著者……リンクアップ
発行者……片岡　巌
発行所……株式会社　技術評論社
東京都新宿区市谷左内町 21-13
電話……03-3513-6150　販売促進部
03-3513-6160　書籍編集部
編集……リンクアップ
担当……竹内　仁志
装丁……菊池　祐(ライラック)
本文デザイン……リンクアップ
DTP……リンクアップ
撮影……リンクアップ
製本／印刷……図書印刷株式会社

定価はカバーに表示してあります。

落丁・乱丁がございましたら、弊社販売促進部までお送りください。交換いたします。

ISBN978-4-297-11536-4 C3055

Printed in Japan